普通高等院校“十三五”精品规划教材

Java 程序设计基础实验教程

主　编　刘云玉　原晋鹏　罗　刚

主　审　石云辉

西南交通大学出版社

·成　都·

图书在版编目（CIP）数据

Java 程序设计基础实验教程 / 刘云玉，原晋鹏，罗刚主编. —成都：西南交通大学出版社，2018.8（2021.7 重印）

ISBN 978-7-5643-6345-1

Ⅰ. ①J… Ⅱ. ①刘… ②原… ③罗… Ⅲ. ①JAVA 语言－程序设计－教材 Ⅳ. ①TP312.8

中国版本图书馆 CIP 数据核字（2018）第 190010 号

Java 程序设计基础实验教程

主编 刘云玉 原晋鹏 罗 刚

责任编辑 黄淑文
封面设计 何东琳设计工作室

出版发行 西南交通大学出版社
（四川省成都市二环路北一段 111 号
西南交通大学创新大厦 21 楼）
邮政编码 610031
发行部电话 028-87600564 028-87600533
官网 http://www.xnjdcbs.com
印刷 成都蓉军广告印务有限责任公司

成品尺寸 185 mm × 260 mm
印张 12
字数 253 千
版次 2018 年 8 月第 1 版
印次 2021 年 7 月第 2 次
定价 32.00 元
书号 ISBN 978-7-5643-6345-1

课件咨询电话：028-81435775
图书如有印装质量问题 本社负责退换

前 言

“Java 程序设计”是实践性很强的一门课程，学习程序设计语言最有效的方法就是多上机实践。本书以实际案例为驱动，使学生掌握 Java 语言的基本语法和程序设计能力，初步具备使用 Java 语言进行实际系统开发的能力和解决实际问题的能力。

本书的作者都具有使用 Java 语言进行企业项目开发的背景，并且近年来一直从事计算机科学与技术以及软件工程专业课程的教学与研究工作，精心编写和整理了大量具有代表性的实验指导教程。

本书共分为 12 章，其中第一章为 Java 开发环境配置，第二章至第四章为 Java 基础程序设计实验，第五章至第七章为面向对象程序设计实验，第八章为异常处理实验，第九章为输入/输出实验，第十章和第十一章为 Java 图形界面及事件实验，第十二章为多线程实验。

全书由黔南民族师范学院计算机与信息学院刘云玉、原晋鹏、罗刚担任主编，石云辉主审。刘云玉编写了第一章到第三章，原晋鹏编写了第四章和第五章，罗刚编写了第六章和第七章，王传德编写了第八章和第九章，郭顺超编写了第十章和第十一章实验一，郑添键编写了第十一章的实验二、实验三和第十二章。书中实验内容程序的代码都经过了编者的实际运行。

本书编写过程中参阅了相关书籍和网站，也得到了许多同事的支持与帮助，作者在此一并表示感谢。

由于作者水平有限，书中难免有疏漏和不妥之处，恳请广大读者不吝指正。

编 者

2018 年 3 月

目 录

第一章 Java 开发环境配置

Java 语言是一门面向对象的编程语言，它不仅吸收了 C++语言的各种优点，还摒弃了 C++里难以理解的多继承、指针等概念，因此 Java 语言具有功能强大和简单易用两个特征。Java 语言作为静态面向对象编程语言的代表，极好地实现了面向对象理论，允许程序员以优雅的思维方式进行复杂的编程。

Java 具有简单性、面向对象、分布式、健壮性、安全性、平台独立与可移植性、多线程、动态性等特点。Java 可以编写桌面应用程序、Web 应用程序、分布式系统和嵌入式系统应用程序等。

Java 开发工具（Java Development Kit，JDK）是 Sun 公司所开发的一套 Java 程序开发软件，Sun 公司后来被 Oracle 公司收购，JDK 现在可从 Oracle 公司的网站免费下载。它与 JDK 参考文档一样是编写 Java 程序必备的工具。

实验一 Java 语言开发环境配置

一、实验目的

（1）学习下载 JDK。

（2）学习安装与配置 JDK 运行环境。

二、实验指导

步骤 1：在浏览器的地址栏中输入从 Oracle 公司下载 Java SE 的下载页面网址：

http：//www.oracle.com/technetwork/java/javase/archive-139210.html

在页面中选择 Java SE7 下载。适合 Windows 操作系统的 JDK 有两个版本：一个是 Windows X86，另一个是 Windows X64。如果读者的操作系统是 32 位的，请选择 Windows X86 版本；如果是 64 位，则两个版本任意选择一个，如图 1.1 所示。

步骤 2：在 C 盘根目录下新建一个文件夹，命名为 JDK。双击下载的 JDK 安装文件，将 JDK 安装路径设置为 C：\JDK，如图 1.2 所示；JRE 安装路径设置为默认路径即可，如图 1.3 所示。

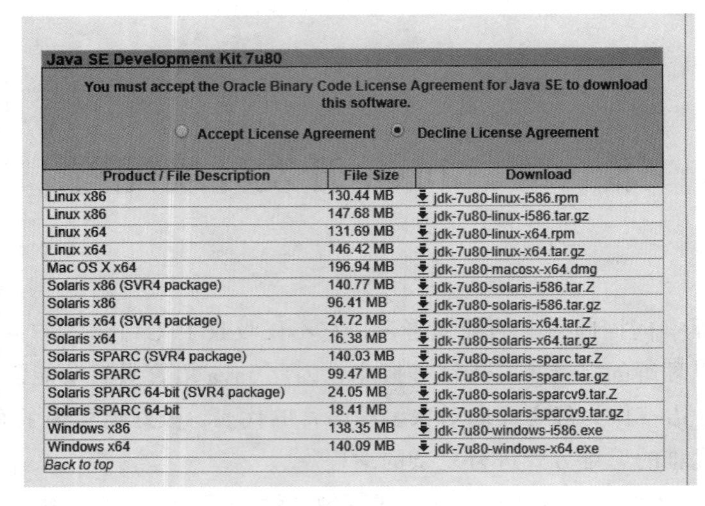

Java SE Development Kit 7u80

You must accept the Oracle Binary Code License Agreement for Java SE to download this software.

Accept License Agreement　　Decline License Agreement

Product / File Description	File Size	Download
Linux x86	130.44 MB	jdk-7u80-linux-i586.rpm
Linux x86	147.68 MB	jdk-7u80-linux-i586.tar.gz
Linux x64	131.69 MB	jdk-7u80-linux-x64.rpm
Linux x64	146.42 MB	jdk-7u80-linux-x64.tar.gz
Mac OS X x64	196.94 MB	jdk-7u80-macosx-x64.dmg
Solaris x86 (SVR4 package)	140.77 MB	jdk-7u80-solaris-i586.tar.Z
Solaris x86	96.41 MB	jdk-7u80-solaris-i586.tar.gz
Solaris x64 (SVR4 package)	24.72 MB	jdk-7u80-solaris-x64.tar.Z
Solaris x64	16.38 MB	jdk-7u80-solaris-x64.tar.gz
Solaris SPARC (SVR4 package)	140.03 MB	jdk-7u80-solaris-sparc.tar.Z
Solaris SPARC	99.47 MB	jdk-7u80-solaris-sparc.tar.gz
Solaris SPARC 64-bit (SVR4 package)	24.05 MB	jdk-7u80-solaris-sparcv9.tar.Z
Solaris SPARC 64-bit	18.41 MB	jdk-7u80-solaris-sparcv9.tar.gz
Windows x86	138.35 MB	jdk-7u80-windows-i586.exe
Windows x64	140.09 MB	jdk-7u80-windows-x64.exe

Back to top

图 1.1　JDK 下载

Java

浏览至新目标文件夹

查找(L):

JDK

文件夹名:

C:\JDK\

确定　取消

图 1.2　JDK 安装路径设置

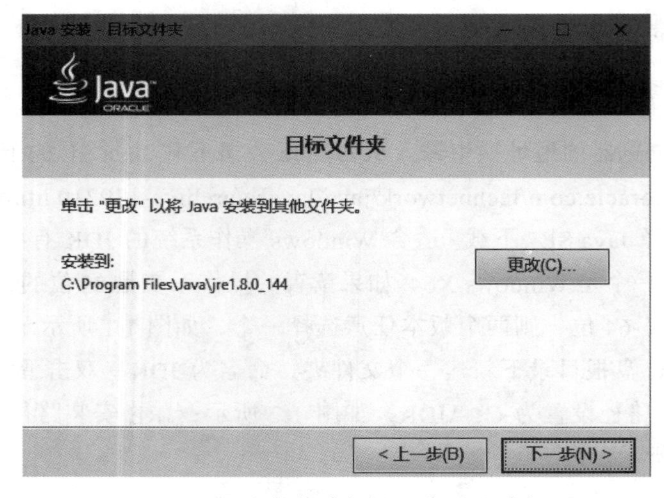

图 1.3　JRE 安装路径设置为默认路径

步骤 3：单击“开始”菜单，选择“运行”，输入命令“cmd”，如图 1.4 所示。单击“确定”按钮，出现命令提示窗口，输入“java-version”，若出现如图 1.5 所示的结果，表示 JDK 的安装和配置成功；若出现如图 1.6 所示的结果，表示不成功，这时，首先应检查 JDK 是否正确安装，在 cmd 命令窗口中输入“path”命令，查看 c：\jdk\bin 是否存在，如果不存在，修改 path 的值。

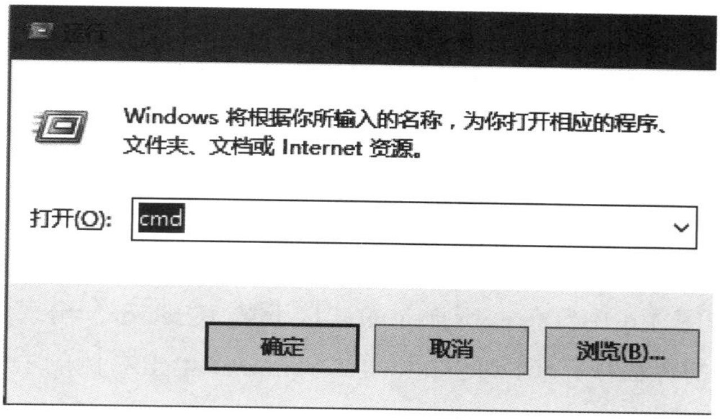

Windows 将根据你所输入的名称，为你打开相应的程序、文件夹、文档或 Internet 资源。
打开(O): cmd
确定 取消 浏览(B)...

图 1.4　运行窗口

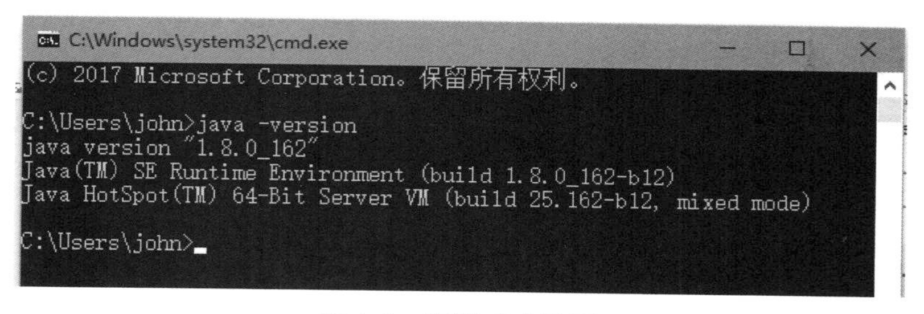

图 1.5　安装成功界面

图 1.6　JCreator 官网网站

实验二　JCreator 集成开发环境配置

一、实验目的

（1）掌握继承开发环境的安装。

（2）掌握 JCreator 开发环境的使用。

二、实验步骤

步骤 1：在浏览的地址栏中输入 http：//www.jcreator.com/，然后按回车键，出现如图 1.6 所示的界面。

步骤 2：单击图 1.6 中红色框所指向的连接下载 JCreator，出现如图 1.7 所示的界面。在图 1.7 所示的界面中，选择 JCreator LE Version，单击右侧的 DOWNLOAD 下载。

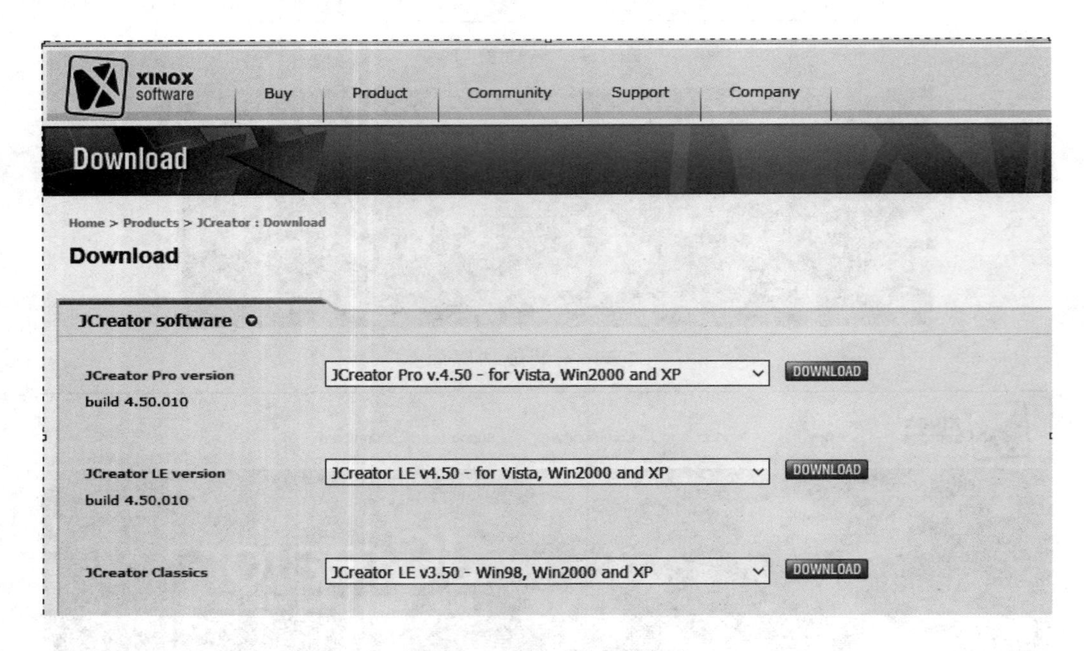

图 1.7　JCreator 下载地址

步骤 3：JCreator 下载完成后，双击进行安装，出现如图 1.8 所示的界面。在图 1.8 所示的界面中单击“Next”，出现如图 1.9 所示的界面；在图 1.9 所示的界面中，选中“I accept the agreement”，然后单击“Next”；出现如图 1.10 所示的界面。在图 1.10 所示的界面中设置 JCreator 安装路径后单击“Next”；然后在出现的界面中继续单击“Next”，直到安装完成。

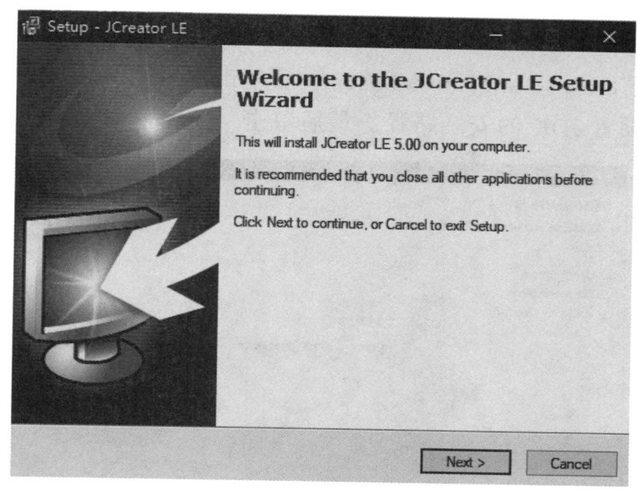

图 1.8　JCreator 安装步骤

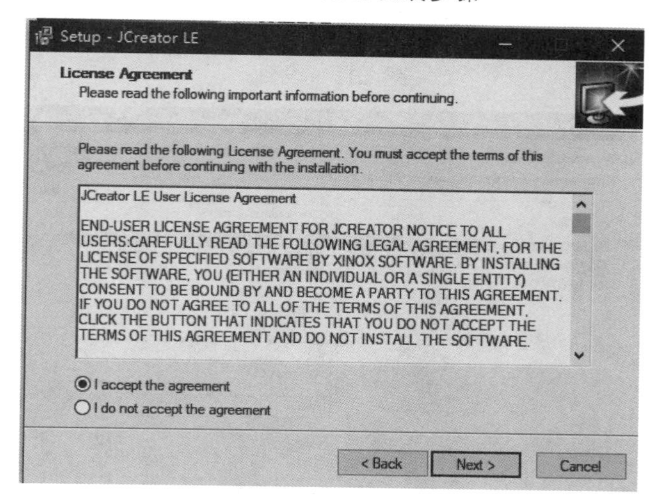

图 1.9　接受许可协议

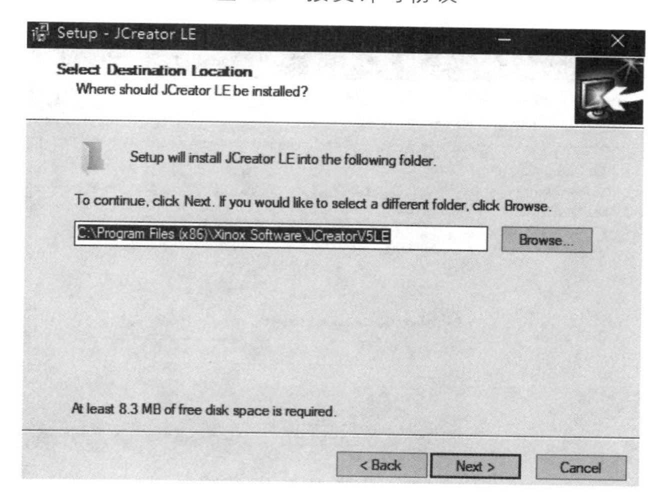

图 1.10　设置安装路径

步骤 4：第一次打开 JCreator 界面时，需要对一些参数进行设置，如图 1.11 所示。在图 1.11 中选择“Save settings for all users”后单击“Next”，出现如图 1.12 所示的界面。在图 1.13 中设置 JDK 的安装路径。最后单击“Finish”。

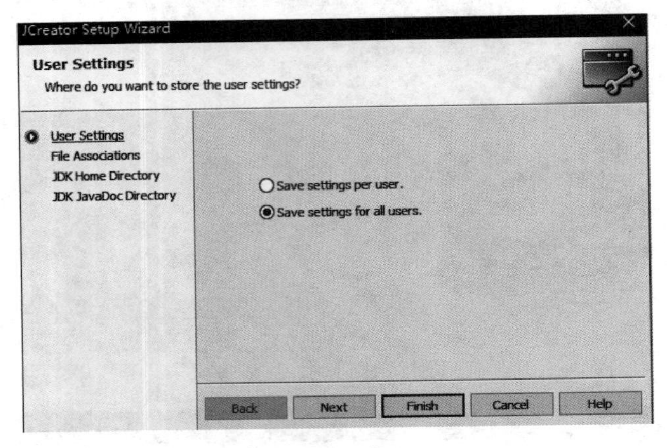

图 1.11　设置

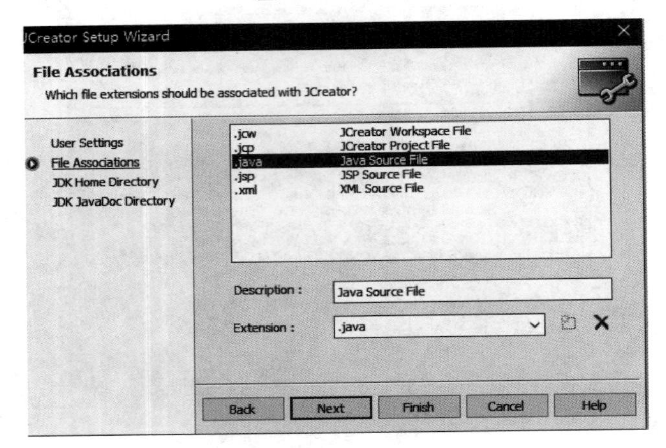

图 1.12　设置文件关联

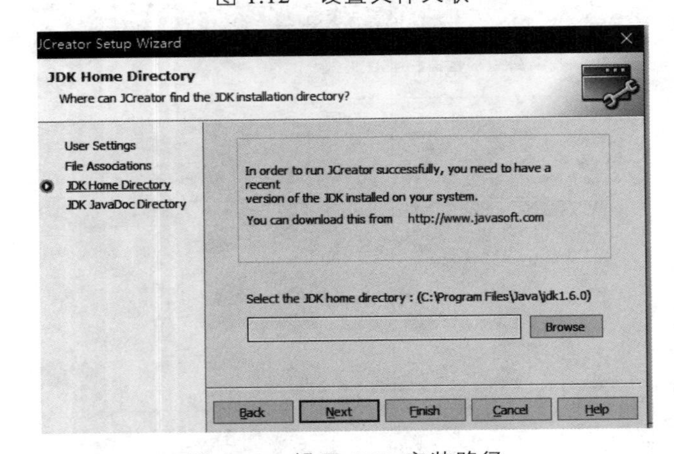

图 1.13　设置 JDK 安装路径

步骤 5：使用 JCreator 创建 Java 程序。单击图 1.14 中的 File 菜单，出现如图 1.15 所示的界面；在图 1.15 所示的界面中选择 Project，出现如图 1.16 所示的界面，选择“Basic Java Applicatioin”。在图 1.17 中输入工程名称，选择工程保存的路径，单击“Finish”。

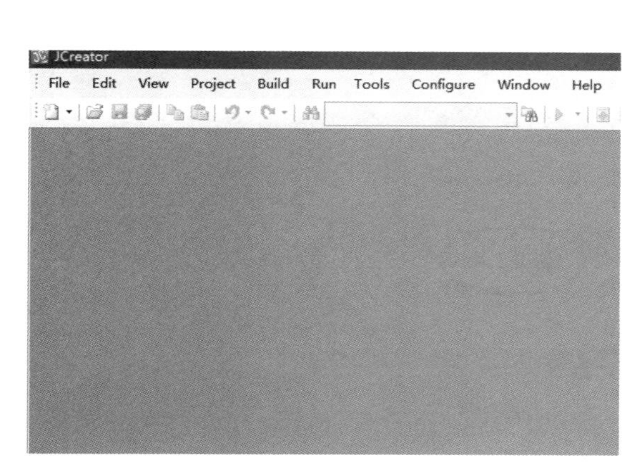

图 1.14 JCreator 界面

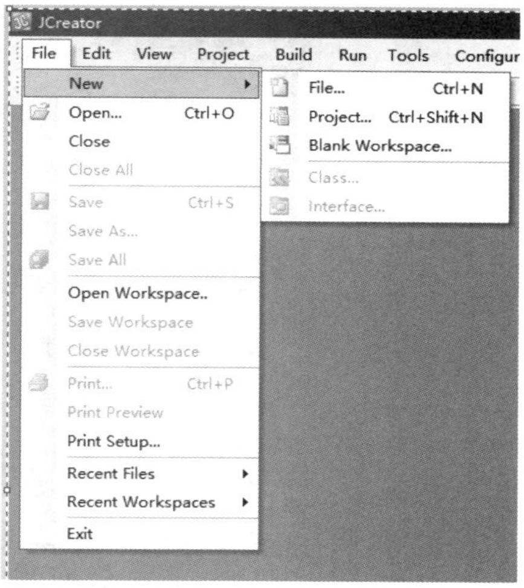

图 1.15 创建 Java 工程

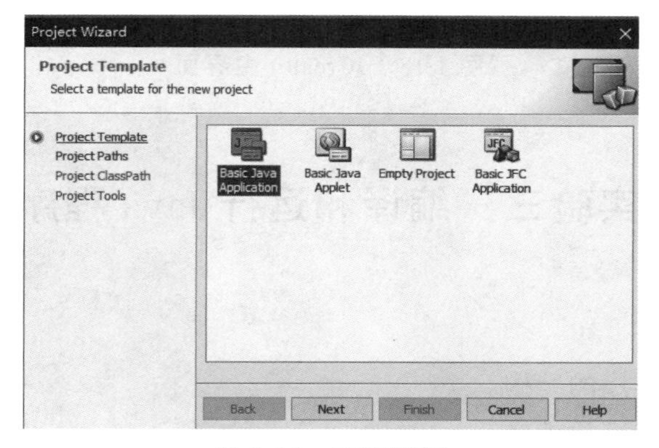

图 1.16 工程模板

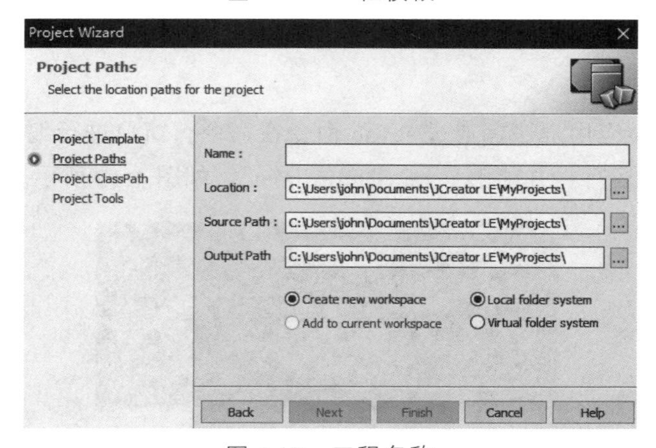

图 1.17 工程名称

步骤 6：运行 Java 程序。单击图 1.18 所示的 JCreator 主界面中的运行按钮运行 Java 程序，程序输入结果可以在图 1.18 所示界面的运行结果区域看到。

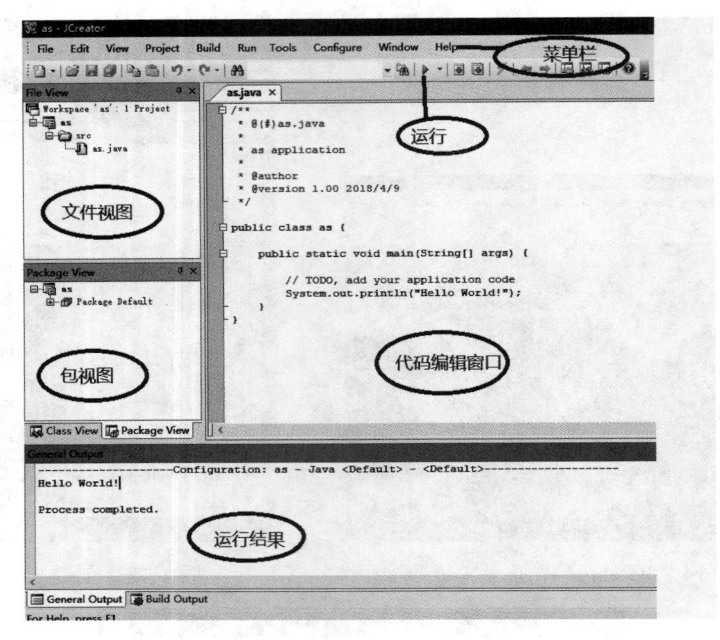

图 1.18 JCreator 主界面

实验三 编译和运行 Java 程序

一、实验目的

（1）了解 Java 程序的结构。

（2）学习 Java 程序的编译。

（3）学习 Java 程序的运行。

二、实验要求

编写一个 Java 应用程序，通过 javac 命令在命令行窗口进行编译，然后通过 Java 命令在命令行窗口运行，并能够显示“Hello Java”，如图 1.19 所示。

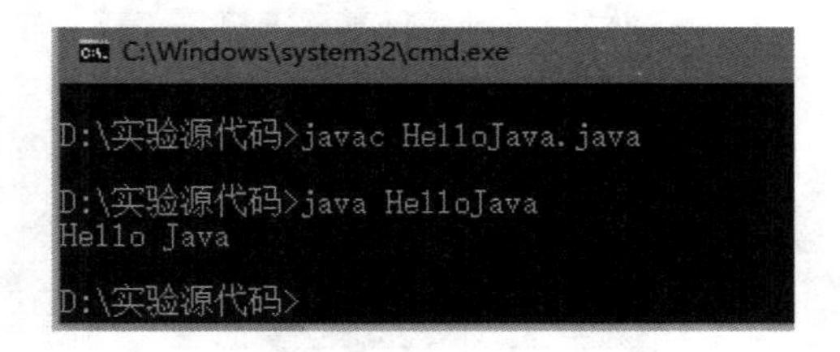

图 1.19 编译和运行 Java 程序

三、程序模板

```
//HelloJava.java
public class HelloJava{
   public static void main ( String []args ) {
      System.out.println ( "Hello Java" );
   }
}
```

四、实验指导

步骤 1：在 D 盘根目录下新建名称为“实验源代码”的文件夹。

步骤 2：打开 D 盘，选择“查看”菜单，确保文件扩展名选项是选中状态，如图 1.20 所示。

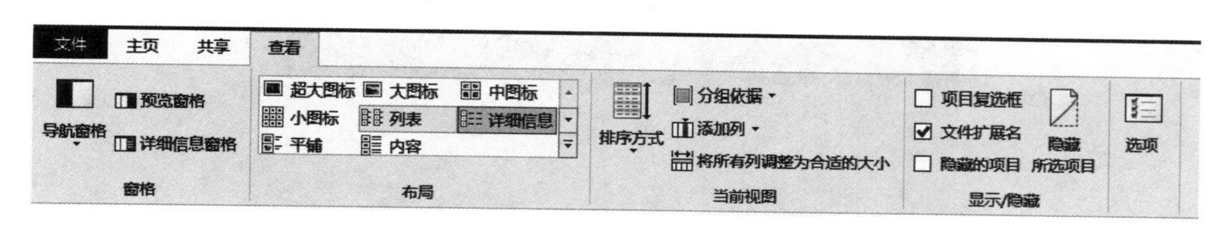

图 1.20　文件扩展名选中

步骤 3：在“实验源代码”文件夹下新建一个文件，文件名称为“HelloJava”，修改文件扩展名为 java，如图 1.21 所示，单击“是”按钮。

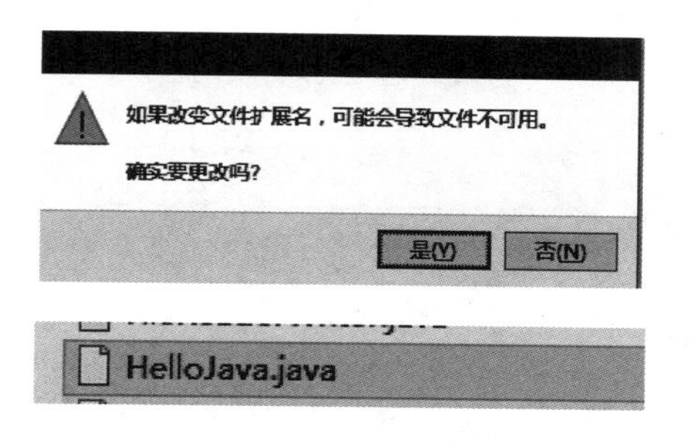

图 1.21　修改文件扩展名为 java 提示

步骤 4：以文本文件的格式打开 HelloJava.java 文件，输入程序模板下的内容，注意字符的大小写（Java 程序是区分大小写字符的，所以大写的 J 和小写的 j 是两个不同的字符）。输入后，按“ctrl+s”快捷键保存。

步骤 5：键盘按“win+r”键，输入 cmd，单击“确定”按钮，打开命令提示窗口，在命令提示窗口中输入“d:”后回车，切换到 D 盘下；接着输入“cmd 实验源代码”后回车，切换到“D:\实验源代码”路径下，如图 1.22 ~ 图 1.25 所示。

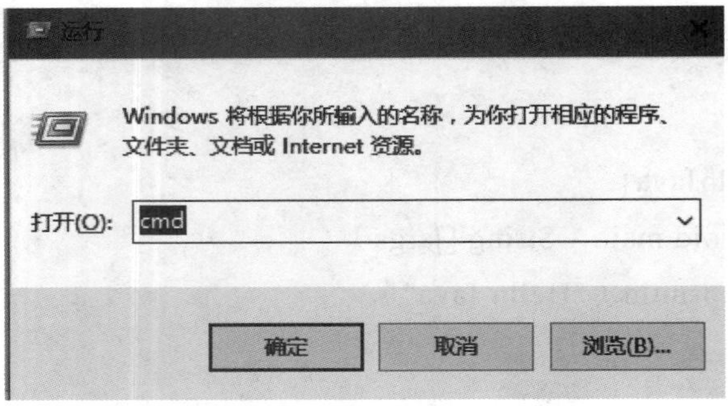

图 1.22　打开命令窗口

图 1.23　命令行提示窗口

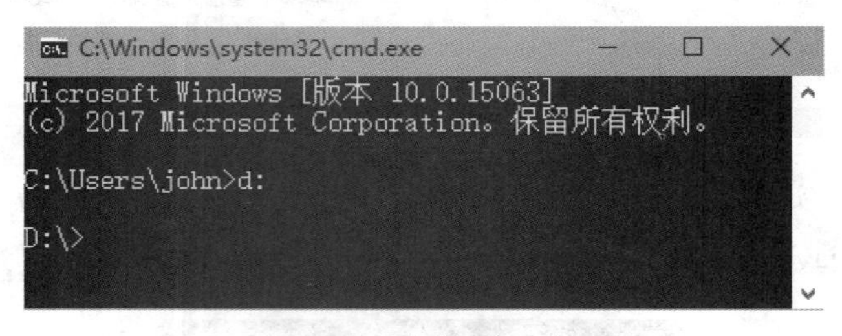

图 1.24　切换到 D 盘

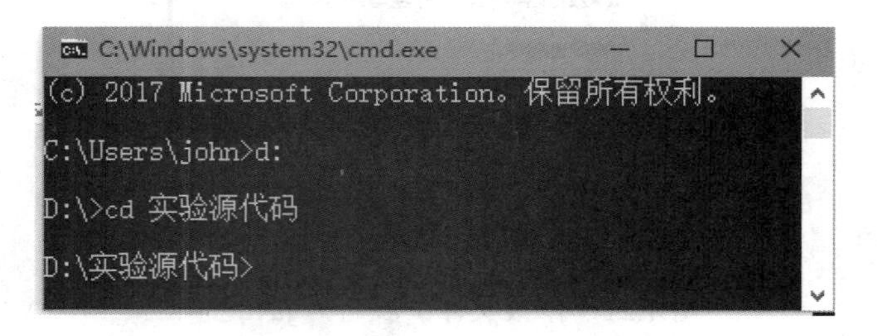

图 1.25　切换到 D 盘的实验源代码路径

步骤 6：输入命令

javac HelloJava.java

按回车键后，如果程序输入没有错误，显示如图 1.26 所示界面。如果程序有错误，命令行将会给出错误提示信息。

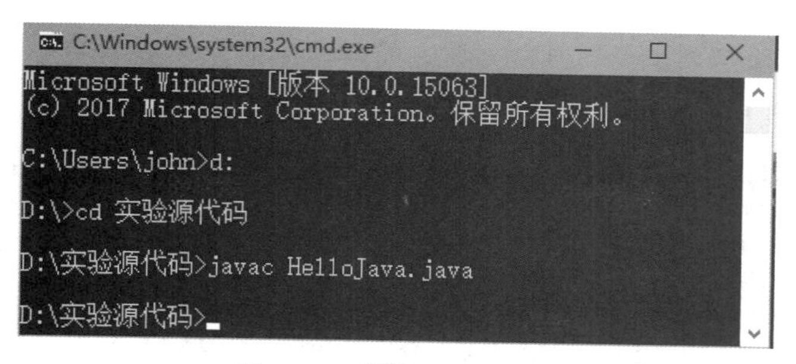

图 1.26　编译 Java 程序

步骤 7：在命令提示窗口中，输入命令

java HelloJava

按回车键后，可以看到程序运行的结果，如图 1.27 所示，显示了一条 Hello Java。

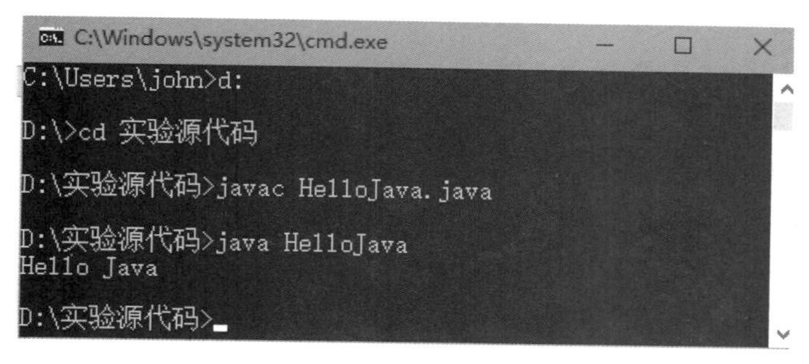

图 1.27　运行 Java 程序

五、知识链接

现在家用的操作系统大多都是 Windows 操作系统，在 Windows 系统中使用命令行窗口，涉及一些 DOS 命令，以下介绍一些简单常用的命令提示符。

（1）切换目录。

➢ 从 C 盘切换到 E 盘，输入“e:”敲回车键即可，如图 1.28 所示。

图 1.28　从 C 盘切换到 E 盘

➢ 打开 E 盘下的某个文件夹：输入“cd test”即可打开 E 盘下的 test 文件夹，如图 1.29 所示。

图 1.29　打开 E 盘下的 test 文件夹

注意看图 1.29 中的第二行，显示“E: \test>”，这说明你现在位于 test 文件夹内。

输入“cd..”即可退回到上一级目录，输入“cd/”即可回到根目录下。

（2）查看当前目录下有哪些文件夹和文件，输入“dir”命令即可，如图 1.30 所示。

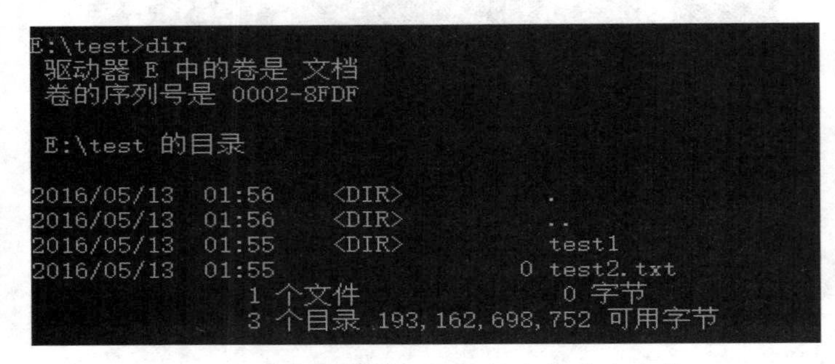

图 1.30　查看当前目录下的文件夹和文件

（3）新建文件夹或文件。命令格式如下：

mkdir 文件夹名\子文件夹

举例说明：在 D 盘下的 myfiles 文件内新建一个名为 app 的文件夹，你可以找到 myfiles 文件夹，按住 shift 键，然后右击文件夹，点击在此处打开命令行窗口，进入这个文件夹的命令行界面，然后输入 mkdir app 就行了。

（4）删除文件夹或文件。

有时候用户想删除某个文件或者文件夹，但是系统提示需要管理员权限，这时使用下面的命令行指定，就可以轻松删除这些文件或者文件夹。

rd E：\test

rd 是删除空文件夹的命令，如果要删除的文件夹内还有子文件夹或者子文件，那么系统会提示“目录不是空的”，如图 1.31 所示。

图 1.31

re /s 是删除非空文件夹的命令。输入此命令后，会有确认提示，如图 1.32 所示。

图 1.32

rd /s /q E：/test

“rd /s /q”命令输入以后，不会出现确认提示。

del E：\test\test2.txt

del 是删除文件的命令。

实验记录

问题记录-解决方法：　　　　　　日　期：

实验总结：

第二章　Java 语言基础

在程序设计中，数据是程序的必要组成部分，不同的数据有不同的数据类型。Java语言中的数据类型分为两类：一类是基本数据类型，另一类是引用类型。

在程序设计中，都使用变量来存储数据。变量就是申请内存来存储值。也就是说，当创建变量的时候，需要在内存中申请空间。内存管理系统根据变量的类型为变量分配存储空间，分配的空间只能用来储存该类型数据。变量的使用原则是“先声明后使用”。

程序设计中经常要进行各种运算，从而达到改变变量值的目的。要实现运算，就要使用运算符。运算符是用来表示某一种运算的符号，它指明了对操作数所进行的运算。

本章将指导读者认识 Java 语言中的基本数据类型和操作符。

实验一　基本数据类型的使用

一、实验目的

（1）学习 Java 程序标识符的命名规则。

（2）学习 Java 的基本数据类型的声明。

（3）学习基本数据类型的初始化。

二、实验要求

新建一个文件 PrimitiveType.java，打开文件编写类，类名为 PrimitiveType，在类的 main 函数中声明 8 个基本数据类型变量并对其初始化，通过输出语句输出 8 个基本数据类型的值。

三、程序模板

按模板要求，将【代码 1】~【代码 8】替换为相应的 Java 程序代码，使之能输出如图 2.1 所示的结果。

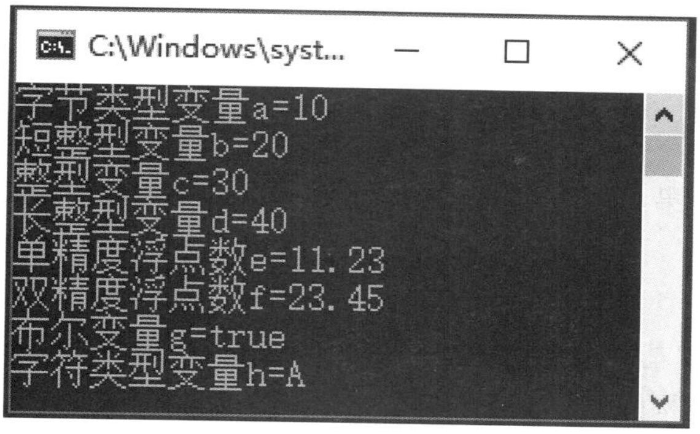

```
字节类型变量a=10
短整型变量b=20
整型变量c=30
长整型变量d=40
单精度浮点数e=11.23
双精度浮点数f=23.45
布尔变量g=true
字符类型变量h=A
```

图 2.1　运行结果

```
//PrimitiveType.java
public class PrimitiveType{
    public static void main（String []args）{
        //【代码 1】//声明一个字节类型变量 a，初始化为 10
        ______________________________________________
        //【代码 2】//声明一个短整型变量 b，初始化为 20
        ______________________________________________
        //【代码 3】//声明一个整型变量 c，初始化为 30
        ______________________________________________
        //【代码 4】//声明长整型变量 d，初始化为 40
        ______________________________________________
        //【代码 5】//声明单精度浮点数变量 e，初始化为 11.23
        ______________________________________________
        //【代码 6】//声明双精度变量 f，初始化为 23.45
        ______________________________________________
        //【代码 7】//声明一个布尔型变量 g，初始化为 true
        ______________________________________________
        //【代码 8】//声明一个字符型变量 h，初始化为字母 A
        ______________________________________________
        System.out.println（"字节类型变量 a="+a）;
        System.out.println（"短整型变量 b="+b）;
        System.out.println（"整型变量 c="+c）;
        System.out.println（"长整型变量 d="+d）;
        System.out.println（"单精度浮点数 e="+e）;
        System.out.println（"双精度浮点数 f="+f）;
        System.out.println（"布尔变量 g="+g）;
```

```
            System.out.println（"字符类型变量 h="+h）;
    }
}
```

程序运行后的效果如图 2.1 所示。

四、实验指导

Java 要确定每种基本类型所占存储空间的大小。它们的大小并不像其他大多数语言那样随机器硬件架构的变化而变化。这种所占存储空间大小的不变性是 Java 程序比其他多数语言编写的程序更具可移植性的原因之一。

Java 的基本数据类型如表 2.1 所示。

表 2.1　Java 的基本数据类型

基本类型	大小	最小值	最大值
boolean			
char	16 字节	Unicode 0	Unicode $2^{16}-1$
byte	8 字节	−128	127
short	16 字节	-2^{15}	$+2^{15}-1$
int	32 字节	-2^{31}	$+2^{31}-1$
long	64 字节	-2^{63}	$+2^{63}-1$
float	32 字节	符合 IEEE 754 标准的浮点数	符合 IEEE 754 标准的浮点数
double	64 字节	符合 IEEE 754 标准的浮点数	符合 IEEE 754 标准的浮点数

Boolean 类型所占存储空间的大小没有明确指定，仅定义为能够取字面值 true 或 false。

Java 语言默认浮点数是双精度类型，给单精度类型的变量初始化时需要在常数后面加 f。

例如：

```
//文件名为 X.java
public class X{
    public static void main（String []args）{
        float x = 32.7;
        System.out.print（"浮点数 x="+x）;
    }
}
```

以上程序的运行结果如图 2.2 所示。

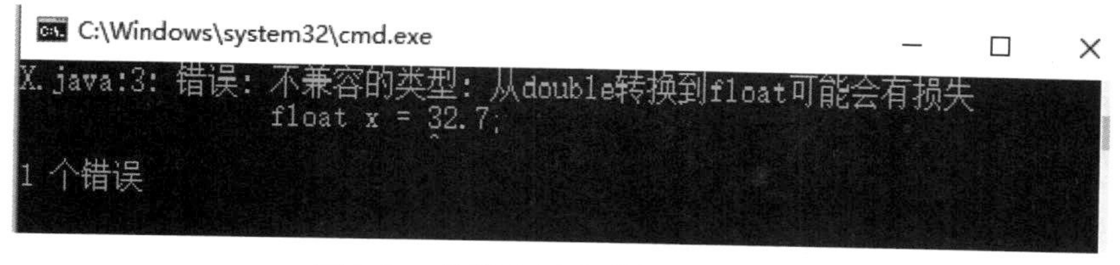

图 2.2　单精度浮点数初始化错误

正确的定义方式应该是 float x= 32.7f;

实验二　算术运算符

一、实验目的

（1）学习算术运算符+、-、*、/、%的运算以及适用的数据类型。
（2）学习算术运算符的自增、自减运算。

二、实验要求

编写一个类，类名称为 ArithmeticOper，在程序中进行求和、求模、自增、自减运算。

三、程序模板

按模板要求，将【代码 1】~【代码 9】替换为相应的 Java 程序代码，使之能输出如图 2.3 所示的结果。

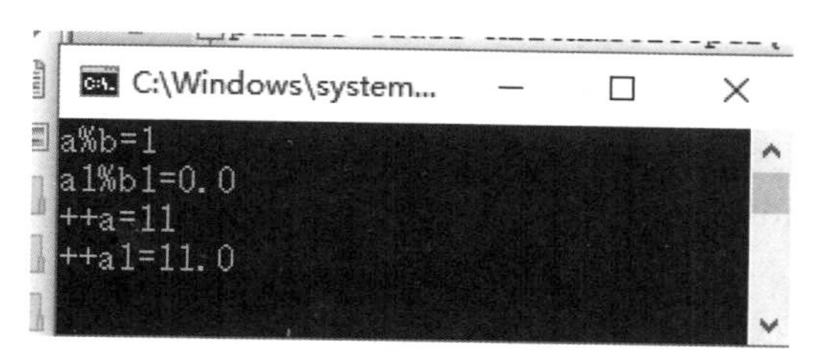

图 2.3　算术运算结果

```
//ArithmeticOper.java
public class ArithmeticOper{
  public static void main（String []args）{
    byte a = 10;
    byte b = 3;
  //【代码 1】定义一个整型变量 result，变量 a 对变量 b 取余，并把结果赋值给 result
  ________________________________________
    System.out.println（"a%b="+result）;
```

```
float a1 = 10.0;
float b1 = 2.0;
//【代码 2】定义一个单精度浮点数 result1 ，变量 a1 对变量 b1 取余，并把
//结果赋值给 result1
________________________________________________
System.out.println（"a1%b1="+result1）;
//【代码 3】//变量 a 自增
________________________________________________
//【代码 4】//变量 a1 自增
________________________________________________
System.out.println（"++a="+a）;
System.out.println（"++a1="+a1）;
//【代码 5】
byte c = 10;
byte d = 20;
byte e = c +d; //【代码 6】有错误，需要修改语句
________________________________________________
short f = 4;
short g = 2;
short h = f + g; //【代码 7】有错误，需要修改语句
________________________________________________
float k = 0.0f;
//【代码 8】变量 a1 除以 0 并将结果赋值给变量 k
________________________________________________
System.out.println（"k="+k）;
int kk = 0;
//【代码 9】变量 a 除以变量 b 并将结果赋值给变量 kk
________________________________________________
System.out.println（"kk="+kk）;
  }
}
```

四、实验指导

Java 的算术运算符如表 2.2 所示。

在算术运算符中一般需要两个操作数来进行运算，但自增（++）、自减（--）运算符是一种特殊的算术运算符，它们只需要一个操作数。Java 语言中的算术运算符%、

++、--适用于整数、浮点数，不像C语言一样仅限于整数操作。Java语言中如果比int类型小的类型做运算，Java在编译的时候会将它们统一强制转成int类型；若是比int类型大的类型做运算，则会自动转换成它们中最大类型的那个。Java语言中整型变量不能除以零；浮点数可以除以零，结果为无穷大（Infinity）。

表 2.2　算术运算符

操作符	描述	例子（a=10，b=3）
+	加法，相加运算符两侧的值	a+b = 13
-	减法，左操作数减去右操作数	a-b=7
*	乘法，相乘操作符两侧的值	a * b = 30
/	除法，左操作数除以右操作数所得的商	a/b= 3
%	取模，左操作数除以右操作数所得的余数	a%b=1
++	自增，操作数的值增加	++a，a 的值变成了 11
--	自减，操作数的值减少 1	--a，a 的值变成了 9

实验三　逻辑运算符

一、实验目的

学习逻辑运算符中的与、或、非运算。

二、实验要求

编写一个Java程序，在程序中进行与、或、非运算。

三、程序模板

按模板要求，将【代码1】~【代码3】替换为相应的Java程序代码，使之能输出如图2.4所示的结果。

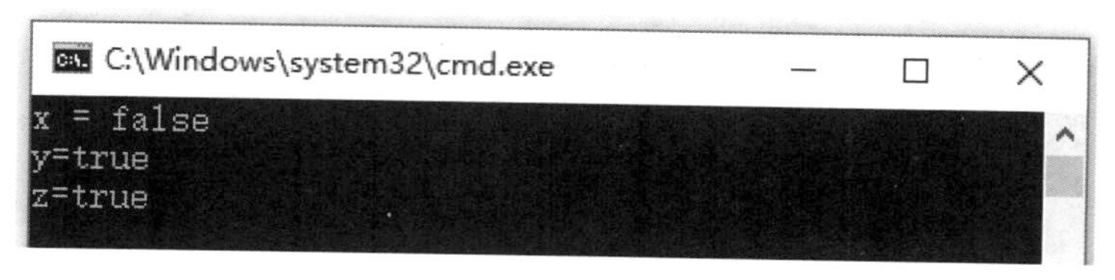

图 2.4　逻辑运算

```
//Logic.java
public class Logic{
  public static void main（String[] args）{
```

```
        boolean a = true;
        boolean b = false;
        boolean x, y, z;
        //【代码 1】对变量 a 和变量 b 进行“与”运算，将结果赋值给变量 x
        ______________________________________________
        //【代码 2】对变量 a 和变量 b 进行“或”运算，将结果赋值给变量 y
        ______________________________________________
        //【代码 3】对变量 a 和变量 b 进行“与”运算的结果再进行“非”运算，
        //结果赋值给变量 z
        ______________________________________________
        System.out.println("x = " + x);
        System.out.println("y=" + y  );
        System.out.println("z=" + z);
    }
}
```

四、实验指导

表 2.3 列出了 Java 的逻辑运算符及其基本运算（假设布尔变量 A 为真，变量 B 为假）。

表 2.3　Java 的逻辑运算符及其基本运算

操作符	描述	例子
&&	逻辑“与”运算符。当且仅当两个操作数都为真，条件才为真	（A && B）为假
||	逻辑“或”运算符。如果两个操作数中任何一个为真，则条件为真	（A || B）为真
!	逻辑非运算符，用来反转操作数的逻辑状态。如果条件为 true，则逻辑“非”运算符将得到 false	!（A && B）为真

当使用“与”逻辑运算符时，只有当两个操作数都为 true 时，结果才为 true。但是当得到第一个操作数为 false 时，其结果就必定是 false，这时候就不会再判断第二个操作数了。

当使用“或”逻辑运算时，两个操作数中只要有一个为 true，结果就为 true。但是当第一个操作数为 true 时，其结果必定是 true，这时候就不会再判断第二个操作数了。例如：

```
public static void main(String[] args){
        int a = 5; //定义一个变量;
        boolean b = (a<4) && (a++<10);
        System.out.println("使用短路逻辑运算符的结果为"+b);
        System.out.println("a 的结果为"+a);
```

```
}
```

其运算结果如下：

```
使用短路逻辑运算符的结果为 false
a 的结果为 5
```

实验四　位运算符

一、实验目的

学习整数类型（int）、长整型（long）、短整型（short）、字符型（char）和字节型（byte）等类型的位运算。

二、实验要求

编写一个 Java 程序，在程序中对整型变量进行位运算操作。

三、程序模板

按模板要求，将【代码 1】~【代码 7】替换为相应的 Java 程序代码，使之能输出如图 2.5 所示的结果。

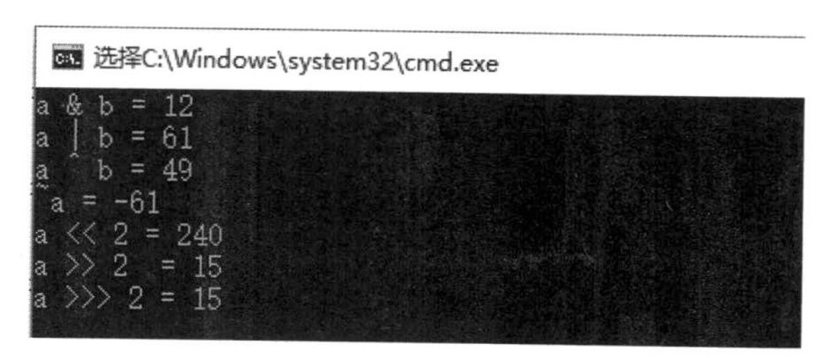

图 2.5　位运算结果

```
//Test.java
public class Test {
  public static void main（String[] args） {
      int a = 60; /* 60 = 0011 1100 */
      int b = 13; /* 13 = 0000 1101 */
      int c = 0;
      //【代码 1】对变量 a 和变量 b 进行按位与运算，并将结果赋值给 c
      ____________________________________________
      System.out.println（"a & b = " + c  );
```

```
____________________________________________
//【代码 2】对变量 a 和变量 b 进行按位或运算，并将结果赋值给 c
____________________________________________
System.out.println（"a | b = " + c  ）;
//【代码 3】对变量 a 和变量 b 进行按位异或运算，并将结果赋值给 c
____________________________________________
System.out.println（"a ^ b = " + c  ）;
//【代码  4】对变量 a 进行按位取反运算，并将结果赋值给 c
____________________________________________
System.out.println（" ~ a = " + c  ）;
//【代码  5】对变量 a 按位进行左移 2 位操作，并将结果赋值给变量 c
____________________________________________
System.out.println（"a << 2 = " + c  ）;
//【代码  6】对变量 a 按位进行右移 2 位操作，并将结果赋值给变量 c
____________________________________________
System.out.println（"a >> 2   = " + c  ）;
//【代码  7】对变量 a 按位右移补零操作符
____________________________________________
System.out.println（"a >>> 2 = " + c  ）;
    }
}
```

四、实验指导

Java 的位运算符如表 2.4 所示。

表 2.4　Java 的位运算符

<table>
<tr><th>操作符</th><th>描述</th></tr>
<tr><td>&</td><td>如果相对应位都是 1，则结果为 1，否则为 0</td></tr>
<tr><td>|</td><td>如果相对应位都是 0，则结果为 0，否则为 1</td></tr>
<tr><td>^</td><td>如果相对应位值相同，则结果为 0，否则为 1</td></tr>
<tr><td>~</td><td>按位补运算符，翻转操作数的每一位，即 0 变成 1、1 变成 0</td></tr>
<tr><td><<</td><td>按位左移运算符，左操作数按位左移右操作数指定的位数</td></tr>
<tr><td>>></td><td>按位右移运算符，左操作数按位右移右操作数指定的位数</td></tr>
<tr><td>>>></td><td>按位右移补零操作符。左操作数的值按右操作数指定的位数右移，移动得到的空位以零填充</td></tr>
</table>

Java 定义了位运算符，应用于整数类型（int）、长整型（long）、短整型（short）、字符型（char）和字节型（byte）等类型。位运算符作用在所有的位上，并且按位运算。

假设 a = 60，b = 13；它们的二进制格式表示将如下：

A = 0011 1100

B = 0000 1101

A&B = 0000 1100

A | B = 0011 1101

A ^ B = 0011 0001

~ A= 1100 0011

实验五　从键盘输入数据

一、实验目的

学习从键盘向程序输入各种类型数据。

二、实验要求

编写一个 Java 程序，在程序中通过键盘输入基本数据类型的数据，包括整型、浮点数、布尔值、字符。

三、程序模板

按模板要求，将【代码 1】~【代码 7】替换为相应的 Java 程序代码，使之能输出如图 2.6 所示的结果。

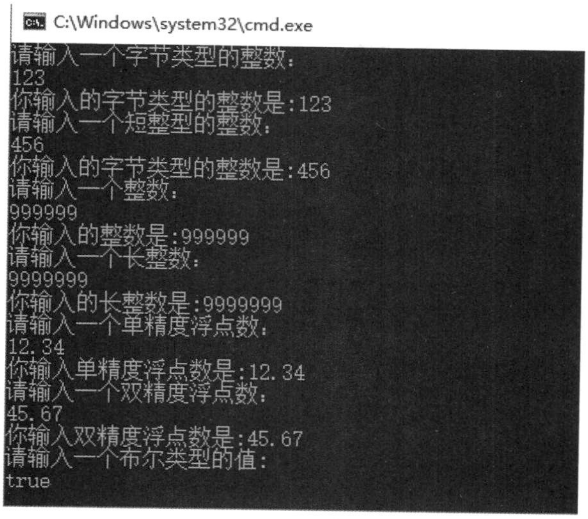

```
C:\Windows\system32\cmd.exe
请输入一个字节类型的整数:
123
你输入的字节类型的整数是:123
请输入一个短整型的整数:
456
你输入的字节类型的整数是:456
请输入一个整数:
999999
你输入的整数是:999999
请输入一个长整数:
9999999
你输入的长整数是:9999999
请输入一个单精度浮点数:
12.34
你输入单精度浮点数是:12.34
请输入一个双精度浮点数:
45.67
你输入双精度浮点数是:45.67
请输入一个布尔类型的值:
true
```

图 2.6　从键盘输入数据

```
//InputData.java
import java.util.Scanner; //引入 Scanner 类
public class InputData{
    public static void main(String []args){
        byte a;
        short b;
        int c;
        long d;
        float e;
        double f;
        boolean g;
        Scanner scanner = new Scanner(System.in);
        System.out.println("请输入一个字节类型的整数: ");
        //【代码 1】调用 scanner 的 nextByte 方法，把读入的值赋值给变量 a
        ______________________________________
        System.out.println("你输入的字节类型的整数是: "+a);
        System.out.println("请输入一个短整型的整数: ");
        //【代码 2】调用 scanner 的 nextShort 方法，把读入的值赋值给变量 b
        ______________________________________
        System.out.println("你输入的字节类型的整数是: "+b);
        System.out.println("请输入一个整数: ");
        //【代码 3】调用 scanner 的 nextInt 方法，把读入的值赋值给变量 c
        ______________________________________
        System.out.println("你输入的整数是: "+c);
        System.out.println("请输入一个长整数: ");
        //【代码 4】调用 scanner 的 nextLong 方法，把读入的值赋值给变量 d
        ______________________________________
        System.out.println("你输入的长整数是: "+d);
        System.out.println("请输入一个单精度浮点数: ");
        //【代码 5】调用 scanner 的 nextFloat 方法，把读入的值赋值给变量 e
        ______________________________________
        System.out.println("你输入单精度浮点数是: "+e);
        System.out.println("请输入一个双精度浮点数: ");
        //【代码 6】调用 scanner 的 nextDouble 方法，把读入的值赋值给变量 f
        ______________________________________
        System.out.println("你输入双精度浮点数是: "+f);
```

```
        System.out.println（"请输入一个布尔类型的值："）;
        //【代码 7】调用 scanner 的 nextBoolean 方法，把读入的值赋值给变量 g
        ________________________________
        System.out.println（"你输入的布尔类型的值是："+g）;
        scanner.close（）;
    }
}
```

四、实验指导

在 JDK5.0 之前，要从命令窗口读入数据不是一件容易的事情；从 JDK5.0 开始，这一状况得到了改变。在 java.util 包中，Java 提供了 Scanner 类，可以方便地从命令提示符窗口输入数据。

要想通过控制台进行输入，首先要在程序的头部引入 java.util.Scanner 类（类似于 C 语言中的#include）；接着新建一个 scanner 对象，参数是 System.in（代表的标准输入流）。

下面的语句是新建一个 scanner 对象：

Scanner scanner = new Scanner（System.in）;

通过 scanner 对象可以调用 Scanner 类的各种方法。表 2.5 中的方法是 Scanner 类常用的方法。

表 2.5 Scanner 类常用的方法

方法	说明	方法	说明
nextByte	输入一个字节整数	nextFloat	输入一个单精度浮点数
nextShort	输入一个短整型	nextDouble	输入一个双进度浮点数
nextInt	输入一个整数	nextLine	输入一行字符串
nextLong	输入一个长整数		

实验记录

问题记录-解决方法： 日 期：

实验总结：

第三章　Java 面向过程编程

Java 程序的执行遵循一定的流程，流程是程序执行的顺序。流程控制语句是控制程序各语句执行顺序的语句，是程序中非常关键和基本的部分。流程控制语句可以把单个语句组合成有意义的、能够完成一定功能的小逻辑块。

所有条件语句都利用条件表达式的真或假来决定执行路径。最主要的流程控制方式是结构化程序设计中的三种基本流程结构，即顺序结构、选择结构、循环结构。

本章将指导读者学习 Java 程序中的流程控制语句。

实验一　if 条件语句

一、实验目的

（1）复习从键盘输入数据。

（2）复习逻辑判断。

（3）学习流程控制 if 条件判断语句。

二、实验要求

编写一个 Java 程序，在程序中从键盘输入年份，判断此年份是否是闰年。

三、程序模板

按模板要求，将【代码 1】~【代码 3】替换为相应的 Java 程序代码，使之能输出如图 3.1 所示的结果。

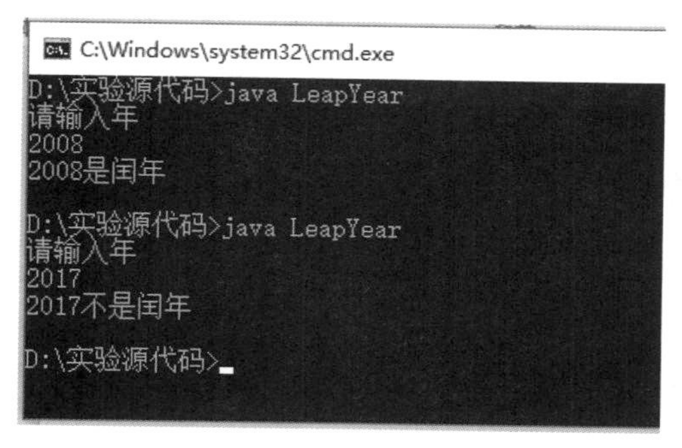

图 3.1　if 条件判断

```
//LeapYear.java
import java.util.Scanner;
public class LeapYear{
    public static void main（String []args）{
     Scanner scanner = new Scanner（System.in）;
     System.out.println（"请输入年："）;
     //【代码 1】定义一个整型变量 year 接收从键盘输入的年
     ___________________________________________________
     //【代码 2】定义一个布尔变量 isLeapYear
     ___________________________________________________
     //【代码 3】根据变量 year 的值判断是否是闰年，将结果赋值给变 isLeapYear
     ___________________________________________________
     if（isLeapYear）
          System.out.println（year+"是闰年"）;
     else
        System.out.println（year +"不是闰年"）;
     }
}
```

四、实验指导

if-else 语句是控制程序流程的最基本形式。其中的 else 是可选的，所以可按下述两种形式来使用 if：

```
if（布尔表达式）
    statement
```

或

```
if（布尔表达式）
    statement
  else
    statement
```

布尔表达式必须产生一个布尔结果，statement 指用分号结尾的简单语句或复合语句（封闭在花括号内的一组简单语句）。尽管 Java 与 C 和 C++一样，都是“格式自由”的语言，但是习惯上还是将流程控制语句的主体部分缩进排列，以便读者确定起始与终止。

实验二　switch 语句 1

一、实验目的

（1）学习流程控制中的 switch 语句的基本使用格式。

（2）掌握流程控制中 switch 语句的执行过程。

二、实验要求

编写一个 Java 程序，从键盘输入 1 ~ 12 范围的整数代表月份，程序能输出月份所代表的季节。

三、程序模板

按模板要求，将【代码 1】~【代码 6】替换为相应的 Java 程序代码，使之能输出如图 3.2 所示的结果。

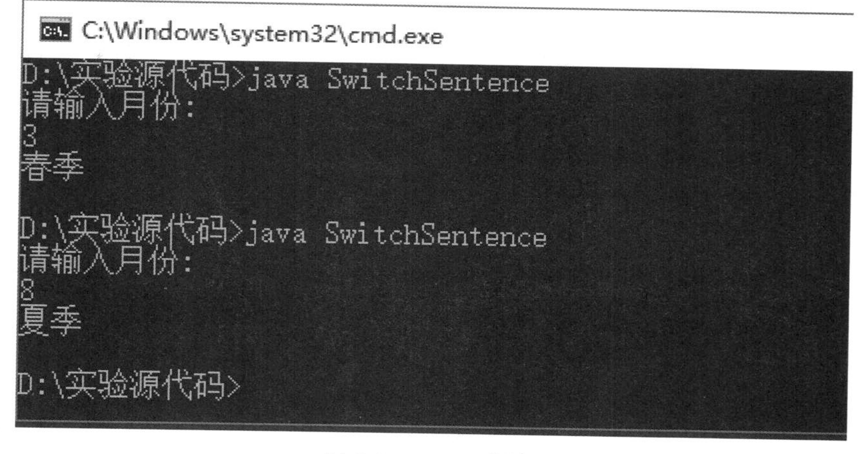

图 3.2　switch 语句

```
//SwitchSentence.java
import java.util.*;
public class SwitchSentence{
  public static void main（String []args）{
    int month =-1;
    Scanner scanner = new Scanner（System.in）;
    //【代码 1】提示从键盘输入一个 1-12 的整数，并把输入的整数赋值给变量 a
    ________________________________________
    switch（month）
```

```
    {
      //【代码 2】//当 month 为 12，1，2 时，显示是冬季
      ______________________________________________
      //【代码 3】//当 month 为 3，4，5 时，显示是夏季
      ______________________________________________
      //【代码 4】//当 month 为 6，7，8 时，显示是秋季
      ______________________________________________
      //【代码 5】//当 month 为 9，10，11 时，显示是冬季
      ______________________________________________
      //【代码 6】//否则，输出没有这个月份
      ______________________________________________
    }
  }
}
```

四、实验指导

switch 有时也被划归为一种选择语句。在 JDK1.6 之前，switch 表达式只能是整数类型；从 JDK1.7 开始，switch 表达式可以是字符串。switch 语句可以根据 switch 表达式的值，从一系列代码中选出一段去执行。格式如下：

```
switch（表达式）
{
    case 常量表达式 1:
        语句序列 1;
        break;
    case 常量表达式 2:
        语句序列 2;
        break;
    case 常量表达式 3:
        语句序列 3;
        break;
}
```

在以上的格式中，每个 case 均以一个 break 结尾，这样可使执行流程跳转至 switch 主体的末尾，这是构建 switch 语句的一种传统方式。但 break 是可选的，若省略 break，则程序会继续执行后面的 case 语句，直到遇到一个 break 为止。需要注意的是：最后的 default 语句没有 break，因为执行流程已经到了 break 的跳转目的地。

实验三　switch 语句 2

一、实验目的

（1）学习 switch 语句表达式的运算。

（2）掌握流程控制中 switch 语句的执行过程。

二、实验要求

给出一个百分之制的成绩，要求输出成绩等级“A”“B”“C”“D”“E”。90 分以上为“A”，80 ~ 89 分为“B”，70 ~ 79 分为“C”，60 ~ 69 分为“D”，60 分以下为“E”。

三、程序模板

按模板要求，将【代码 1】替换为相应的 Java 程序代码。

```
//Score.java
import java.util.Scanner;
public class Score {
    public static void main（String[] args） {
        Scanner scanner = new Scanner（System.in）;
        int x = scanner.nextInt（）;
        switch（______________________________//【代码 1】） {
          case 1:
            System.out.println（"你的成绩是" + c +"A "）;
            break;
          case 2:
            System.out.println（"你的成绩是" + c +"B"）;
            break;
          case 3:
            System.out.println（"你的成绩是" + c +"C"）;
            break;
          case 4: System.out.println（"你的成绩是" + c +"D "）;
            break;
          default:
            System.out.println（"你的成绩是" + c +"E "）;
    }
    scanner.close（）;
```

```
    }
}
```

四、实验指导

switch 表达式可以控制程序的执行过程，表达式的结果必须是整数、字符或枚举量值。本实验可以通过各种表达式将输入的 91 ~ 100 转换为 1，80 ~ 89 转换为 2，70 ~ 79 转换为 3，60 ~ 69 转换为 4，剩下的就执行 default 语句。

实验四　while 循环语句

一、实验目的

（1）学习迭代控制 while 循环语句的基本使用格式。

（2）掌握流程控制 while 循环语句的执行过程。

二、实验要求

编写一个程序，从键盘输入两个数，求这两个数的最大公约数。

三、程序模板

按模板要求，将【代码 1】~【代码 4】替换为相应的 Java 程序代码，使之输出如图 3.3 所示的结果。

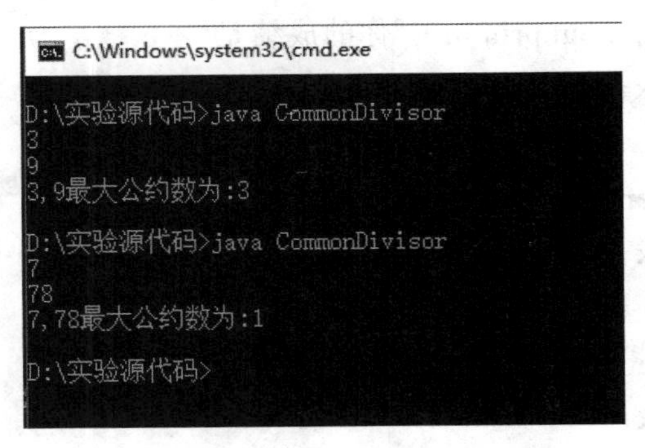

图 3.3　利用 while 循环求最大公约数的结果

```
//CommonDivisor.java
    import java.util.Scanner;
 public class CommonDivisor{
    public static void main ( String []args ) {
        Scanner scanner = new Scanner ( System.in );
```

//【代码 1】定义变量 n1 接收从键盘输入的整数

____

//【代码 2】定义变量 n2 接收从键盘输入的整数

____

```
int max;
int min;
int temp ;
```

//【代码 3】将变量 n1、n2 中大者赋值给 max，小的赋值给 min

____

//【代码 4】利用 while 循环求出最大公约数并赋值给 min，利用递归调用，
//大的数除以小的数，若余数不为 0，则让较小的数（min）作为被除数，余数（k）作
//为除数，直到 k=0，此时 min 为最大公约数。运用递归调用，将求余之后的值作为 min，
//将之前的 min 作为 max，直到求得的余值等于 0 为止结束循环

____

```
        System.out.println（n1+"，"+n2+"最大公约数为："+min）;
    }
}
```

四、实验指导

while 语句是循环语句，会重复执行，直到起控制作用的布尔表达式的值为“假”时结束循环。while 循环的格式如下：

while（布尔表达式）

语句;

在循环刚开始时会计算一次布尔表达式的值，在语句的下一次迭代开始前会再计算一次。在实际使用中，应注意避免布尔表达式的值永远为 true，造成程序的死循环。

实验五　do-while 循环语句

一、实验目的

（1）学习迭代控制 do-while 循环语句的基本使用格式。

（2）掌握流程控制 do-while 循环语句的执行过程。

二、实验要求

编写一个 Java 程序，从键盘输入一个数 n，求 1!+2!+3!+⋯+n!（n 为键盘输入的数）。

三、程序模板

按模板要求，将【代码 1】~【代码 3】替换为相应的 Java 程序代码，使之能输出如图 3.4 所示的结果。

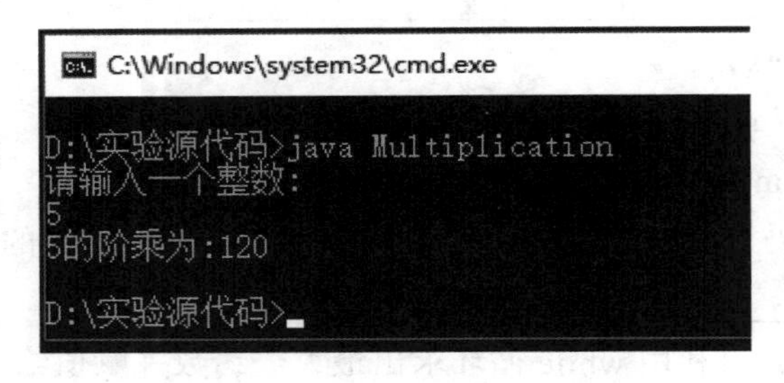

图 3.4　do-while 循环输出的结果

```
//Multiplication.java
import java.util.Scanner;
public class Multiplication{
    public static void main（String []args）{
        Scanner scanner = new Scanner（System.in）;
        System.out.println（"请输入一个整数："）;
        //【代码 1】定义一个整型变量接收从键盘输入的整数
        ______________________________________
        int sum = 1;
        int i =1;
        do{
        //【代码 2】求阶乘
        ______________________________________
        ______________________________________
        }while（__________________//【代码 3】条件判断）;
           System.out.println（n+"的阶乘为："+sum）;
    }
}
```

四、实验指导

do-while 和 while 的唯一区别就是 do-while 中的语句至少会被执行一次，即便条件表达式第一次就被计算为 false。而在 while 循环结构中，如果条件表达式为 false，那么 while 循环中的语句就不会被执行。在实际应用中，while 比 do-while 更常用。

实验六　for 循环语句

一、实验目的

（1）学习迭代控制 for 循环语句的基本使用格式。
（2）掌握流程控制 for 循环语句的执行过程。
（3）学习流程控制中的 break 语句。

二、实验要求

编写一个 Java 程序，从键盘输入一个数 n，判断这个数是否为素数。

三、程序模板

按模板要求，将【代码 1】~【代码 3】替换为相应的 Java 程序代码，使之能输出如图 3.5 所示的结果。

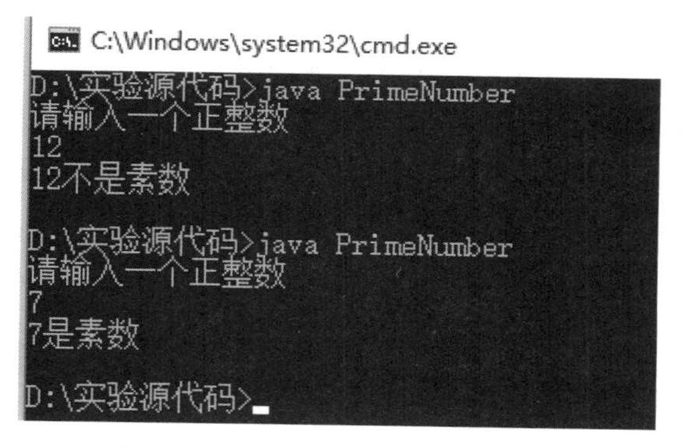

图 3.5　for 循环语句输出的结果

```
// PrimeNumber.java
import java.util.Scanner;
public class PrimeNumber{
    public static void main ( String []args ) {
        Scanner scanner = new Scanner ( System.in );
        System.out.println ( "请输入一个正整数" );
        【代码 1】定义一个变量 n，用于接收从键盘输入的正整数
        ________________________________
        //【代码 2】定义一个变量 k，赋值为 2
        ________________________________
        //【代码 3】判断 n 是否是素数
        ________________________________
```

```
        if（k==n）{
            System.out.println（n+"是素数"）;
        }else{
            System.out.println（n+"不是素数"）;
        }
    }
}
```

四、实验指导

for循环可能是最经常使用的迭代形式,这种语句在第一次迭代之前要进行初始化。随后，它会进行条件测试，而且在每一次迭代结束时会进行某种形式的“步进”。for循环的格式如下：

for（初始化表达式；布尔表达式；步进）
循环体语句

初始化表达式、布尔表达式、步进运算都可以为空。每次迭代前测试布尔表达式，若获得的结果为 false，就会执行 for 语句后面的代码行。每次循环结束，会执行一次步进。如果表达式中有 break 语句，直接结束循环体，退出循环。

在 for 循环中，如果在初始化表达式中定义了循环变量，那么这个变量的作用域范围是从循环开始到循环结束。

```
             ┌ for（int k=2；k<n；k++）{
k 的作用域  ─┤ System.out.println（"k="+k）;
             └
          }
```

实验七　嵌套循环

一、实验目的

（1）学习嵌套循环的语法结构。
（2）学习嵌套循环的使用。

二、实验要求

实验嵌套循环打印直角三角形。

三、程序模板

按模板要求，将【代码 1】替换为相应的 Java 程序代码，使之能输出如图 3.6 所示的结果。

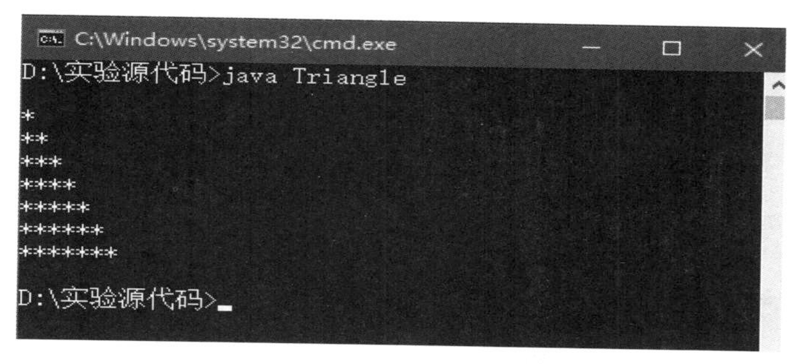

图 3.6　嵌套循环输出结果

```
public class Triangle{
    public static void main（String[] args） {
    int i, j;
    //【代码 1】外层循环控制行数
    ______________________________
     {
    //【代码 2】内层循环打印 *
    ______________________________
     {
                System.out.print（"*"）;
            }
        System.out.print（"\n"）; //换行
        }
    }
}
```

四、实验指导

循环嵌套是指在一个循环语句中再定义一个循环语句的语法结构，while、do-while 和 for 循环语句都可以进行嵌套，并且它们之间可以进行互相嵌套。最常见的是在 for 循环中嵌套 for 循环，格式如下：

for（初始化表达式；循环条件；操作表达式）

{

执行语句

……

```
    for（初始化表达式；循环条件；操作表达式）
     {
       执行语句
       ........
     }
  }
```

实验八　跳转语句

一、实验目的

（1）学习流程控制中的 break 语句。

（2）学习流程控制中的 continue 语句。

二、实验要求

编写一个 Java 程序，显示 1 ~ 10 中的奇数。

三、程序模板

按模板要求，将【代码 1】替换为相应的 Java 程序代码。

```
//JumpSentence.java
public class JumpSentence{
  public static void main（String []args）{
    for（int i=1；i<10；i++）{
    //【代码 1】显示 1 ~ 10 中的奇数
    ________________________________
    }
    System.out.println（"\n  显示完毕）;
  }
}
```

四、实验指导

break 语句将中断整个循环体，使程序跳出循环执行后续语句。continue 语句将结束本次循环，返回到循环开始处，开始新的一次循环。

实验记录

问题记录-解决方法：　　　　　　　　　　　　　　　　日　期：

实验总结：

第四章　数组、字符串、帮助文档、包

数组是高级程序设计语言中常见的数据类型，它是一组有序数据的集合，数组中的每个元素都具有相同的数据类型。用数组名和下标来标识数组中的每个元素。使用数组可以为处理成批的、有内在联系的数据提供便利，使用数组也使得算法的实现更加精炼。

在 Java 语言和 C 语言中都提供了数组这种数据类型，但它们有很大的区别，在 C 语言中数组是一种构造类型，而在 Java 中数组是一种引用类型。两者在内存中的表现形式是完全不同的，由此而引出的对数组的操作也有很大的区别。

字符串是编程中经常使用的数据结构，它是字符的序列，从某种程度上说有些类似于字符数组。在 Java 语言中字符串无论是常量还是变量，都是用类的对象来实现的。

本章指导读者学习一维数组、二维数组、字符串、帮助文档以及包的使用。

实验一　一维数组 1

一、实验目的

学习一维数组的定义、初始化及其使用。

二、实验要求

编写一个 Java 程序，定义一个长度为 10 的整型数组，通过 for 循环输出数组的每一个元素的值，再通过键盘初始化数组的每一个元素，最后再通过 while 循环输出数组每一个元素的值。

三、程序模板

按模板要求，将【代码 1】~【代码 4】替换为相应的 Java 程序代码。

```
//LinearArray.java
public class LinearArray{
   public static void main ( String []args ) {
      //【代码 1】声明一个长度为 10 的一维整型数组，并进行初始化
```

```
    ____________________________________________
    //【代码 2】用 for 循环输出数组中的每一个元素的值
    ____________________________________________
    Scanner scanner = new Scanner ( System.in );
    //【代码 3】使用键盘初始化数组中每一个元素的值
    ____________________________________________
    //【代码 4】用 while 循环输出数组中每一个元素的值
    ____________________________________________
    ____________________________________________
    ____________________________________________
    ____________________________________________
    }
}
```

四、实验指导

数组只是相同类型的、用一个标识符名称封装到一起的一个对象序列或基本类型数据序列，数组是通过方括号下标操作符“[]”来定义和使用的。要定义一个数组，只需要在类型名后加上一对空方括号即可：int []a1；方括号也可以置于标识符后面：int a1[]；两种格式的含义是一样的，后一种格式符合 C 和 C++程序员的习惯。

所有数组都有一个固有成员，可以通过它获知数组内包含了多少个元素，但不能对其修改，这个成员就是 length。与 C 和 C++类似，Java 数组计数也是从第 0 个元素开始，所以能使用的最大下标数是 length-1。要是超出这个边界，C 和 C++会“默默”地接受并允许你访问所有的内存；而 Java 则能保护你免受这一问题的困扰，一旦访问下标过界，就会出现运行时错误（即异常）。

实验二　一维数组 2

一、实验目的

（1）掌握一维数组元素的访问操作。

（2）掌握一维数组的使用。

二、实验要求

编写一个 Java 程序，定义一个长度为 5 的整型数组，要求用户从键盘中为每个元素输入一个整数，然后输出每个数组元素的内容，再输出数组中最大整数值和最小整数值。

三、程序模板

按模板要求，将【代码 1】~【代码 4】替换为相应的 Java 程序代码，使之能输出如图 4.1 所示的结果。

```
C:\Windows\system32\cmd.exe

D:\实验源代码>java LinearArray
请输入5个整数,空格键隔开
10 43 3 23 7
最大的数是:43
最小的数是:3

D:\实验源代码>_
```

图 4.1　一维数组输出结果

```
//LinearArrayB.java
import java.util.Scanner;
public class LinearArrayB{
   public static void main（String []args）{
     int i，max，min;
     //【代码 1】定义一个整型数组 a，含 5 个元素，并为之分配内存空间
     ____________________________________________________
     Scanner scanner = new Scanner（System.in）;
     //【代码 2】提示用户从键盘输入 5 个整数，并把这些整数存储到对应的数组
     //元素中
     ____________________________________________________
     max = a[0];
     min = a[0];
     for（i=1; i<a.length; i++）{
     //【代码 3】如果 a[i]大于 max，则把 a[i]赋值给 max
     ______________________________________________________
     //【代码 4】如果 a[i]小于 min，则把 a[i]赋值给 min
     _______________________________________________________
     }
     System.out.println（"最大的数是："+max）;
     System.out.println（"最小的数是："+min）;
   }
}
```

四、实验指导

在存取数组元素时，必须注意数组的下标不能超出数组的下标范围，为了防止循

环条件出错，建议使用数组的固有属性 length。

实验三　一维数组 3

一、实验目的

（1）掌握一维数组元素的访问操作。

（2）掌握一维数组的使用。

二、实验要求

定义一个 int 型数组 a，包含 100 个元素，保存 100 个随机的 4 位数。再定义一个 int 型数组 b，包含 10 个元素。统计 a 数组中的元素对 10 求余等于 0 的个数，保存到 b[0]中；对 10 求余等于 1 的个数，保存到 b[1]中……依此类推。

三、程序模板

```
//LinearArrayC.java
import java.util.Random;
public class LinearArrayB{
  public static void main（String []args）{
    //【代码】根据实验要求实现相应的功能
    ____________________________________
    ____________________________________
  }
}
```

四、实验指导

（1）Java 中 Math 类中由 random 方法产生的随机数是一个伪随机选择的（大致）均匀分布在从 0.0 到 1.0 这一范围内的 double 类型数。

（2）java.util.Random 类中实现的随机算法是伪随机，也就是有规则的随机。所谓有规则的是指在给定种（seed）的区间内随机生成数字。相同种数的 Random 对象，相同次数生成的随机数字是完全相同的；Random 类中各方法生成的随机数字都是均匀分布的，也就是说区间内部的数字生成的几率均等。生成 4 位数的随机数可以参考以下代码：

```
int a =（int）（Math.random（）*（9999-1000+1））+1000;
                                        //产生 1000 ~ 9999 的随机数
```

在存取数组元素时，必须注意数组的下标不能超出数组的下标范围。例如执行如下程序将得到如图 4.2 所示的结果。

```
public class ArrayTest{
    public static void main ( String []args ) {
        int []b = new int[3];
        b[3] = 4;
    }
}
```

```
C:\Windows\system32\cmd.exe

D:\实验源代码>javac ArrayTest.java

D:\实验源代码>java ArrayTest
Exception in thread "main" java.lang.ArrayIndexOutOfBoundsException: 3
        at ArrayTest.main(ArrayTest.java:4)

D:\实验源代码>_
```

图 4.2　数组下标越界异常

实验四　一维数组 4

一、实验目的

（1）学习迭代控制 for 循环语句的基本使用格式。

（2）掌握流程控制 for 循环语句的执行过程。

二、实验要求

吸血鬼数字是指位数为偶数的数字，它可以由一对数字相乘而得到，而这对数字各包含乘积的一半位数的数字，其中从最初数字中选取的数字可以任意排序。以两个 0 结尾的数字是不允许的。例如，下列数字都是“吸血鬼”数字：

1260=21*60

1287=21*87

2187=27*81

写一个程序，找出所有 4 位数的吸血鬼数字。

三、程序模板

按模板要求，将【代码 1】替换为相应的 Java 程序代码。

```
public class LinearArrayC{
  public static void main ( String []args ) {
    //【代码 1】定义一维数组，并求出 4 位数的吸血鬼数字
```

```
        ________________________________
        ________________________________
        ________________________________
    }
}
```

实验五　二维数组 1

一、实验目的

（1）学习二维数组的定义。

（2）学习二维数组的初始化。

（3）学习二维数组的访问操作。

二、实验要求

定义一个 20×5 的二维数组，用来存储某班级 20 位学员的 5 门课程的成绩；这 5 门课程按存储顺序依次为：C 语言，计算机导论、高等数学、马克思主义哲学、英语。

（1）循环给二维数组的每一个元素赋 0 ~ 100 之间的随机整数。

（2）按照列表的方式输出这些学员的每门课程的成绩。

（3）要求编写程序求每个学员的总分，将其保留在另外一个一维数组中。

（4）要求编写程序求所有学员的某门课程的平均分。

三、程序模板

按模板要求，将【代码 1】~【代码 5】替换为相应的 Java 程序代码。

```
//StudentScore.java
public class StudentScore{
    public static void main（String []args）{
        float [][]score = new float[20][5];
        //【代码 1】给学生赋分数值，随机生成
        ________________________________
        //【代码 2】按行优先输出每个学生的 5 门课程的成绩
        ________________________________
        //【代码 3】定义长度为 20 的浮点数一维数组并初始化为 0
        ________________________________
```

//【代码 4】求每个学员的总分，并将结果保存在一维数组对应的位置

____

//【代码 5】求所有学员的某门课程的平均分并输出

____

}

}

四、实验指导

二维数组在内存中的布局方式，例如 int [][] arr = new int[3][2]，该语句表示创建一个 2×3 形式的二维数组，其中，实体没有初始化的时候，在堆内存中的值都为 null。

实验六　二维数组 2

一、实验目的

学习二维数组的使用。

二、实验要求

编写一个函数，将一个 3×3 的整型二维数组转置，即行列互换，例如图 4.3 矩阵转置示例。

图 4.3　矩阵转置示例

三、程序模板

按模板要求，将【代码 1】和【代码 2】替换为相应的 Java 程序代码。

```
//Array2.java
public class Array2{
    public static void main（String []args）{
    int i，j;
    int [][]a = new int[3][3];
    int [][]b = new int[3][3];
```

```
    for（i=0; i<3; i++）
    for（j=0; j<3; j++）
            a[i][j] = （int）(Math.random（ ）*100);
    for（i=0; i<3; i++）
    for（j=0; j<3; j++）
    //【代码 1】数组转置，行列互换，结果放到 b 数组中
    ______________________________________________
    ______________________________________________
    //【代码 2】输出 B 数组
    ______________________________________________
    ______________________________________________
  }
}
```

四、实验指导

Math 类的 random（ ）方法能够产生一个 0 ~ 1 的随机浮点数，在程序中可以将这个随机数乘上相应范围的数，最终产生一个整数。

实验七 二维数组 3

一、实验目的

（1）学习二维数组的使用。

（2）学习利用二维数组实现矩阵乘法运算。

二、实验要求

编写 Java 程序，实现如图 4.4 所示的两个矩阵的乘法运算。

$$\begin{bmatrix} 2 & 3 & 4 \\ 4 & 6 & 5 \end{bmatrix} \times \begin{bmatrix} 1 & 5 & 2 & 8 \\ 5 & 9 & 10 & -3 \\ 2 & 7 & -5 & -18 \end{bmatrix} = ?$$

图 4.4 两矩阵相乘

三、程序模板

按模板要求，将【代码 1】和【代码 2】替换为相应的 Java 程序代码，使之能输出

如图 4.5 所示的结果。

```
C:\WINDOWS\system32\cmd.exe
E:\WEXAM\24000001>java Java_2
25  65  14  -65
44  109  43  -76

E:\WEXAM\24000001>
```

图 4.5　矩阵乘法

```
public class Java_2 {
    public static void main（String args[]） {
        int [][]a = {{2，3，4}，{4，6，5}};
        int [][]b = {{1，5，2，8}，{5，9，10，-3}，{2，7，-5，-18}};
        int [][]c = ____________________________//【代码 1】
        for（int i = 0；i < 2；i++） {
            for（int j = 0；j <_____________//【代码 2】；j++） {
            //【代码 3】
            ____________________________________
            for （int k = 0；k < 3；k++）
                c[i][j] += ____________________________//【代码 4】;
            System.out.print（c[i][j] + "    "）;
          }
          System.out.println（）;
      }
   }
}
```

四、实验指导

矩阵运算规则：设 $A=(a_{ij})_{m\times s}$，设 $B=(b_{ij})_{s\times n}$，则 A 与 B 的乘积 $C=AB$ 是这样一个矩阵：

（1）行数与（左矩阵）A 相同，列数与（右矩阵）B 相同，即 $C=(c_{ij})_{m\times n}$。

（2）C 的第 i 行第 j 列的元素 c_{ij} 由 A 的第 i 行元素与 B 的第 j 列元素对应相乘，再取乘积之和。

实验八　API 帮助文件的使用

一、实验目的

（1）学习下载 JDK 文档。

（2）学习 JDK 文档查询类的使用。

二、实验指导

下载 JDK 文档的步骤如下：

（1）在浏览器的地址栏中输入 http：//www.oracle.com，出现如图 4.6 所示界面。

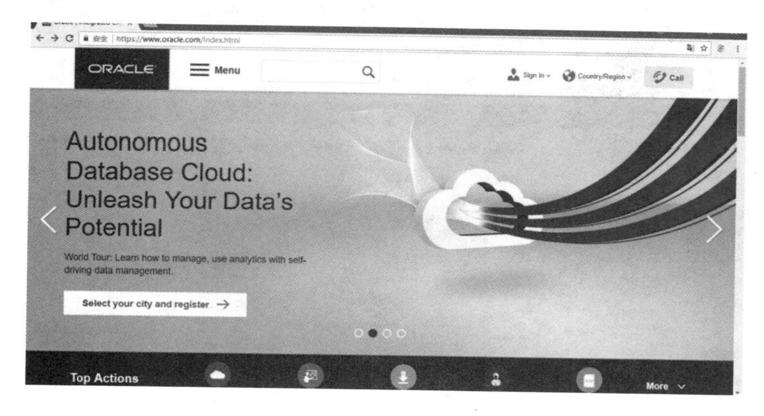

图 4.6　oracle 主页

在如图 4.6 所示的界面单击 Menu 菜单，出现如图 4.7 所示的界面，单击 JavaSE→菜单出现如图 4.8 所示的界面。

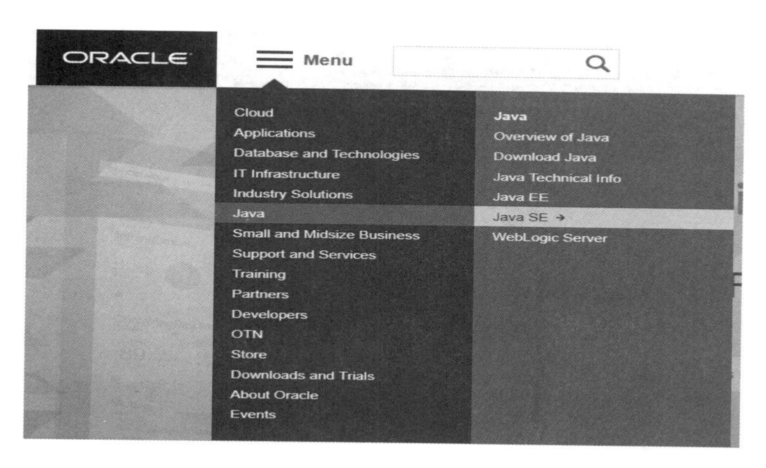

图 4.7　JDK 文档菜单入口

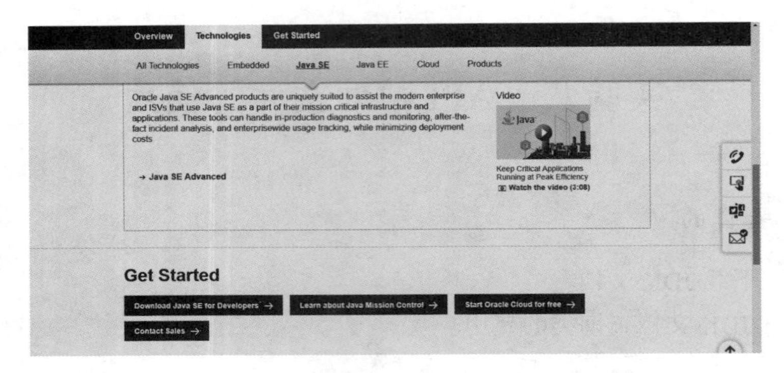

图 4.8　JDK 文档入口地址

单击图 4.8 中的链接 Download Java SE for Developers →，出现如图 4.9 所示的界面。在图 4.9 所示的界面中滚动页面到如图 4.10 所示的位置，选择 JavaSE8 版本下载。

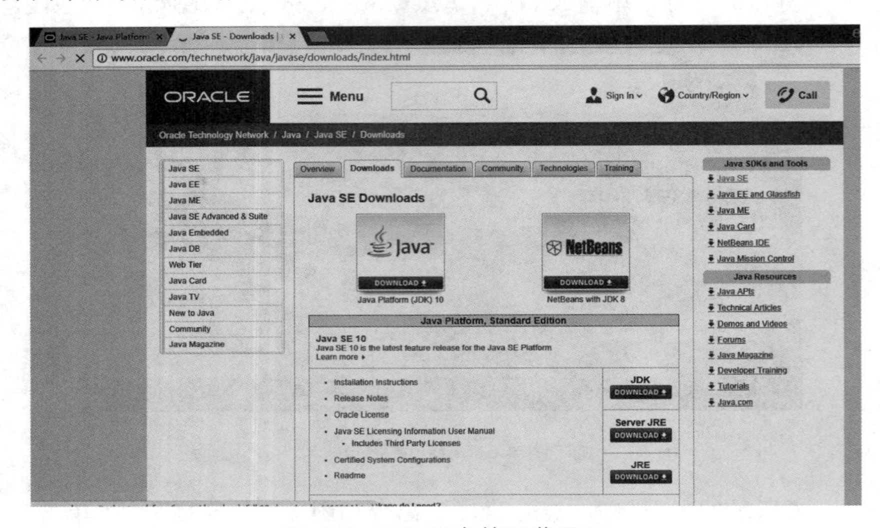

图 4.9　JDK 及文档下载页面

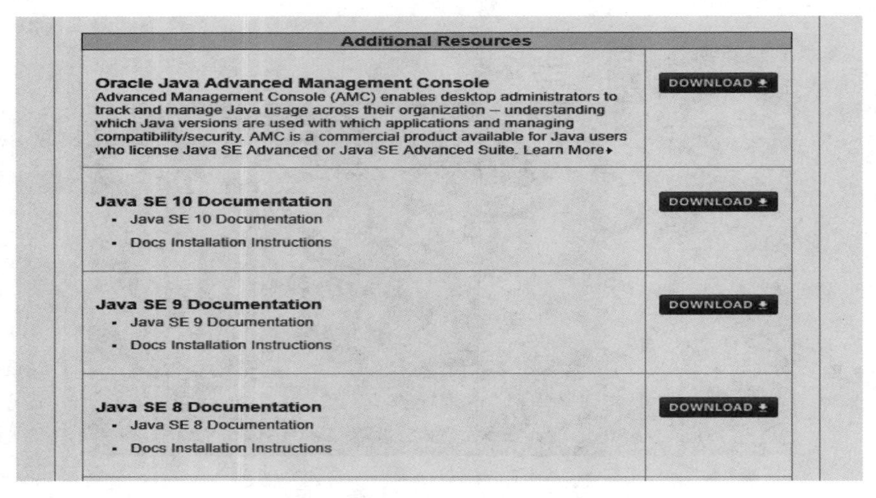

图 4.10　API 文档下载页面

Java API 文档的顶部是导航条，分别对应不同的页面，主要有 OVERVIEW、PACKAGE、CLASS、USE、TREE、DEPRECATED、INDEX、HELP 等 8 部分，如图 4.11 所示。

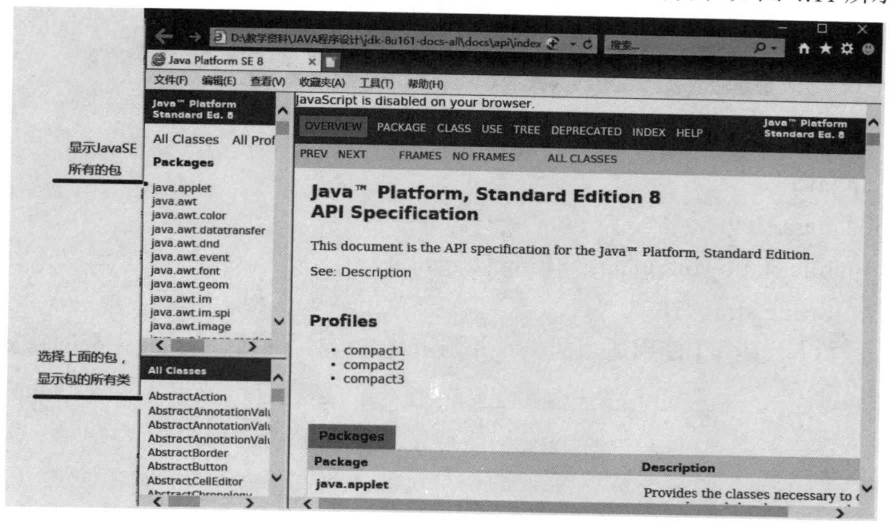

图 4.11　API 文档页面

（1）OVERVIEW 页面列出了 JDK 所有的包。

（2）TREE 页面给出了包中类和接口的继承层次，通过此页面可以快速了解类和接口的继承关系。

（3）DEPRECATED 页面列出了所有不推荐使用的类、接口、方法等。

（4）INDEX 页面按照字母顺序列出了 JDK 中所有的类、接口、方法属性等内容。

（5）HELP 页面是 JDK 参考文档的帮助页面，概要描述了文档中各个页面的内容。

实验九　参考 JDK 文档查找类和方法的使用

一、实验目的

通过查看 JDK 文档，查找类和方法的使用。

二、实验要求

编写一个 Java 程序，通过使用 JDK 文档查找哪个类的哪些方法可以将字符串数字转换为整数，并输出整数的值。

三、程序模板

按模板要求，将【代码 1】替换为相应的 Java 程序代码，使之能输出如图 4.12 所示的结果。

```
D:\实验源代码>java Help
第一种方法转换后整数的值是:789
第二种方法转换后整数的值是:789
第三种方法转换后整数的值是:789

D:\实验源代码>
```

图 4.12　查看 JDK 文档

```
//Help.java
public class Help{
    public static void main ( String []args ) {
        String str = "789";
        //【代码 1】使用适当的类，并调用其方法将 str 转换为 int 类型的整数并打印
        ______________________________________________
        ______________________________________________
    }
}
```

四、实验指导

实验要求将一个字符串数字转换为 int 类型整数，涉及 int 的封装类型 Integer，Integer 类里有许多可以将字符串或者其他类型转换为 int 类型的方法。首先在 JDK 文档中选择 Integer 类所在的包 java.lang。然后选择 Integer 类，可以在 JDK 文档右边看到 Integer 类的介绍、构造函数以及成员方法，如图 4.13 所示。

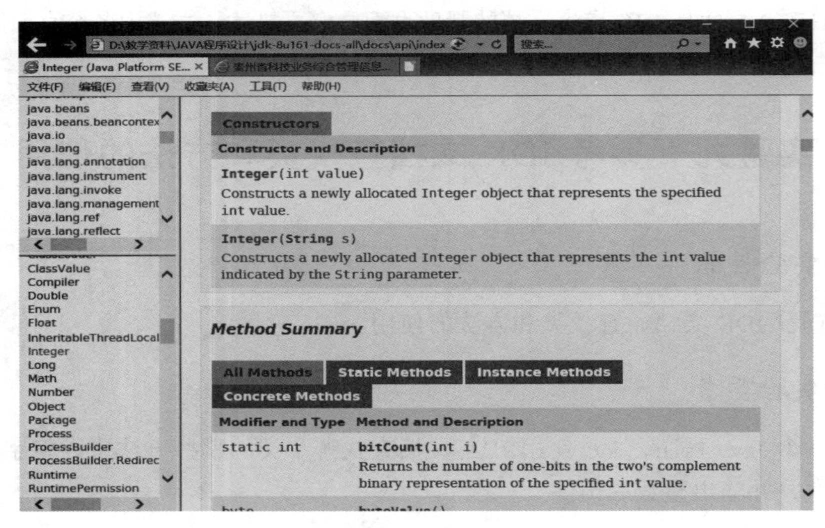

图 4.13　Integer 类

通过 Integer 类的构造函数，可以看到有一个有参的构造函数，参数为字符串，通过构造函数新建一个 Integer 对象，然后在 Integer 类的成员方法中找返回值是 int 的方法。

第二种方式不需要新建 Integer 对象，使用 Integer 类的方法，方法的参数是字符串，并且返回值是 int 的方法。

第三种方法是通过 Integer 类的成员方法构造一个 Integer 对象，然后在 Integer 类的成员方法中找返回值是 int 的方法。

实验十　字符串 1

一、实验目的

（1）学习字符串定义。

（2）学习了解运算符“==”与字符串 equals 方法的区别。

（3）区分运算符“=”和 new 运算符定义字符串的区别。

二、实验要求

编写一个 Java 程序，分别按两种方式定义字符串，用运算符“==”与字符串 equals 方法对这些字符串进行比较。

三、程序模板

按模板要求，将【代码 1】~【代码 10】替换为相应的 Java 程序代码，使之能输出如图 4.14 所示的结果。

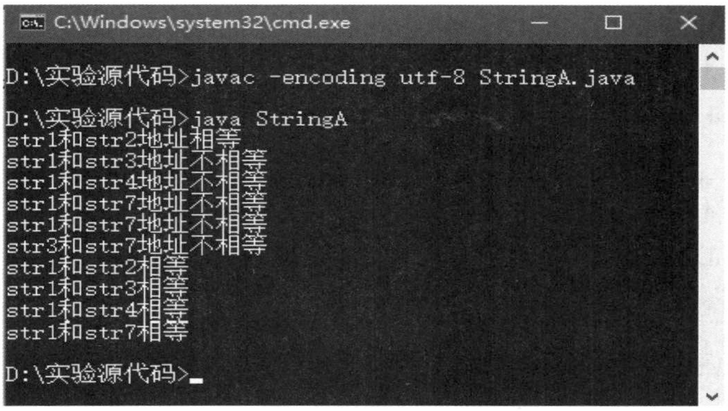

```
C:\Windows\system32\cmd.exe

D:\实验源代码>javac -encoding utf-8 StringA.java

D:\实验源代码>java StringA
str1和str2地址相等
str1和str3地址不相等
str1和str4地址不相等
str1和str7地址不相等
str1和str7地址不相等
str3和str7地址不相等
str1和str2相等
str1和str3相等
str1和str4相等
str1和str7相等

D:\实验源代码>
```

图 4.14　字符串比较结果

```
public class StringA{
    public static void main（String []args）{
        String str1 = "Java";
        String str2 ="Java";
        String str3 = new String（"Java"）;
```

```
        String str4 = new String（"Java"）;
        String str5 = "Ja";
        String str6 ="va";
        String str7 = str5+str6;
        //【代码 1】用运算符"=="比较 str1 和 str2，如果相等，则显示“str1 和
        //str2 相等”，否则“显示 str1 和 str2 不相等”
        ____________________________________________
        //【代码 2】用运算符"=="比较 str1 和 str3，如果相等，则显示“str1 和
        //str3 相等”，否则“显示 str1 和 str3 不相等”
        ____________________________________________
        //【代码 3】用运算符"=="比较 str1 和 str4，如果相等，则显示“str1 和
        //str4 相等”，否则“显示 str1 和 str4 不相等”
        ____________________________________________
        //【代码 4】用运算符"=="比较 str1 和 str7，如果相等，则显示“str1 和
        //str7 相等”，否则“显示 str1 和 str7 不相等”
        ____________________________________________
        //【代码 5】用运算符"=="比较 str3 和 str4，如果相等，则显示“str3 和
        //str4 相等”，否则显示 str3 和 str4 不相等
        ____________________________________________
        //【代码 6】用运算符"=="比较 str3 和 str7，如果相等，则显示“str3 和
        //str7 相等”，否则显示“str3 和 str7 不相等”
        ____________________________________________
        //【代码 7】用字符串函数 equals 比较 str1 和 str2，如果相等，则显示“str1
        //和 str2 相等”，否则显示“str1 和 str2 不相等”
        ____________________________________________
        //【代码 8】用字符串函数 equals 比较 str1 和 str3，如果相等，则显示“str1
        //和 str3 相等”，否则显示“str1 和 str3 不相等”
        ____________________________________________
        //【代码 9】用字符串函数 equals 比较 str1 和 str4，如果相等，则显示“str1
        //和 str4 相等”，否则显示“str1 和 str4 不相等”
        ____________________________________________
        //【代码 10】用字符串函数 equals 比较 str1 和 str7，如果相等，则显示“str1
        //和 str7 相等”，否则显示“str1 和 str7 不相等”
        ____________________________________________
    }
}
```

四、实验指导

（1）Java 字符串直接赋值和通过 new 运算符赋值的区别。

常量池（constant pool）指的是在编译期被确定并被保存在已编译的.class 文件中的一些数据，它包括类、方法、接口等中的常量，也包括字符串常量。例如：

```
String str1="Java";
String str2="Java";
String str7 ="Ja"+ "va";
System.out.println（str1==str2）;
System.out.println（str1==str7）;
```

结果为：

```
true
true
```

首先 Java 会确保一个字符串常量只有一个拷贝，str1 和 str2 都是字符串常量，它们在编译期就被确定了，所以 str1==str2 的结果为 true。而“Ja”和“va”也是字符串常量，当一个字符串由多个字符串常量连接而成时，自己也是字符串常量，所以 str7 在编译期也被确定为字符串常量，所以得出 str1==str7 的结果也为 true。

使用 new 运算符创建的字符串不是常量，不能在编译期就确定，所以使用 new 运算符创建的字符串不放入常量池中，它们有自己的地址空间。例如：

```
String str1 = "Java";
String str2 =new String（"Java"）;
System.out.println（str1==str2）;
```

的结果为 fasle。

（2）关于运算符“==”和 equals，java 中的数据类型可分为两类：

① 基本数据类型，也称原始数据类型。

对于 byte，short，char，int，long，float，double，boolean 等类型的数据，使用运算符“==”比较，比较的是它们的值。

② 复合数据类型（类）。

对于复合数据类型，用运算符“==”比较的是它们在内存中的地址，所以，除非是同一个 new 出来的对象，它们比较后的结果为 true，否则比较后的结果为 false。Java 当中所有的类都是继承于 Object 这个基类的，在 Object 中的基类中定义了一个 equals 方法，这个方法的初始行为是比较对象的内存地址，但在一些类库当中这个方法被覆盖掉了，如 String、Integer、Float，在这些类当中 equals 有其自身的实现，而不再是比较类在堆内存中的存放地址。对于复合数据类型之间进行 equals 比较，在没有覆盖 equals 方法的情况下，它们之间的比较还是基于它们在内存中的存放位置的地址，因为

Object 的 equals 方法也是用运算符“==”进行比较的，所以比较后的结果与运算符“==”的结果相同。

实验十一　字符串 2

一、实验目的

（1）学习字符串常用方法。

（2）熟悉字符串的使用。

（3）掌握二维数组定义（每一维数组长度不一致）。

二、实验要求

从控制台输入 18 位字符串并作如下判断：

（1）判断输入的字符串是否是 18 位，如果不是，提示字符串长度不是 18 位，程序退出。

（2）判断前 2 位是否符合地区代码，如果不符合，提示地区代码不正确，程序退出。

（3）输出此身份证号码属于哪个省份、直辖市或者特别行政区。

（4）输出此身份证号码中的出生日期，并输出如下格式：####年##月##日（其中#代表数字）。

（5）将身份证号码中的 8 位出生日期替换为“*”并输出。

➢ 知识链接

中国公民身份证编号规则

一、编码规则

公民身份证号码是特征组合码，由 17 位数字本体码和 1 位校验码组成。排列顺序从左至右依次为：6 位数字地址码，8 位数字出生日期码，3 位数字顺序码和 1 位校验码，可以用字母表示为 ABCDEFYYYYMMDDXXXR。其含义如下：

（1）地址码（ABCDEF）：表示编码对象常住户口所在县（市、旗、区）的行政区划代码，按 GB/T 2260 的规定执行。

（2）出生日期码（YYYYMMDD）：表示编码对象出生的年、月、日，按 GB/T 7408 的规定执行，年、月、日分别用 4 位、2 位（不足 2 位在前面加 0）、2 位（不足 2 位在前面加 0）数字表示，之间不用分隔符。

（3）顺序码（XXX）：表示在同一地址码所标识的区域范围内，对同年、同月、同日出生的人编定的顺序号，顺序码的奇数分配给男性，偶数分配给女性。

（4）校验码（R）：1 位数字，由前 17 位数字通过一定计算得出。

第 17 位数字是表示在前 16 位数字完全相同时，某个公民的顺序号，并且单数用于男性。双数用于女性。如果前16位数字均相同的同性别的公民超过5人，则可以“进位”到第16位。比如：有6位女性公民前16位数字均相同，并假设第16位数是7，则这些女性公民的末两位编号分别为72，74，76，78，80，82。另外，还特殊规定，最后三位数为996、997、998、999这4个号码为百岁老人的代码，这4个号码将不再分配给任何派出所。

二、关于地址码含义的详细解释

身份证前6位是地区代码，我们用ABCDEF表示。 代码的解释规则如下。

A表示国内区域，其中：

1表示华北三省二市；

2表示东北三省；

3表示华东六省一市；

4表示华南六省；

5表示西南四省一市；

6表示西北五省；

7表示台湾；

8表示港澳。

B（或者说是AB，就是前2位）为省（直辖市，自治区，特别行政区）代码。

按照A划定的分区定义省代码，有直辖市的，直辖市列前，其余按离直辖市的距离排序；没有直辖市的，按离北京的远近排序。

具体省（直辖市，自治区，特别行政区）代码如下：

11～15分别代表京、津、冀、晋、蒙；

21～23分别代表辽、吉、黑；

31～37分别代表沪、苏浙、皖、闽、赣、鲁；

41～46分别代表豫、鄂、湘、粤、桂、琼；

50～54分别代表渝、川、贵、云、藏；

61～65分别代表陕、甘青、宁、新；

81～82分别代表港、澳。

三、程序模板

按模板要求，将【代码1】～【代码24】替换为相应的Java程序代码，使之能输出如图4.15所示的结果。

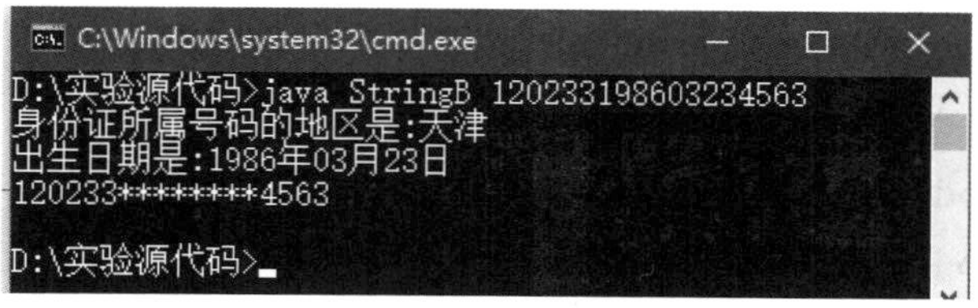

图4.15　识别身份证号码并打印

```
//StringB.java
import java.util.Calendar;
import java.util.Date;
import java.text.SimpleDateFormat;
public class StringB{
    public static void main（String []args）{
        //【代码 1】//判断命令行参数的长度是否等于 1
        if（ ______________________）
            System.out.println（"参数输入不正确，请输入身份证号码！"）;
            return;
        }
        String idCard = args[0];
        //【代码 2】//判断参数的长度是否等于 18
        if（ ________________________________________）{
            System.out.println（"请输入 18 位的身份证号码!"）;
            return;
        }
        //【代码 3】根据以下代码定义二维数组；
        String [][]proCode = ______________________________________
        //【代码 4】//定义二维数组第一行的列数
        proCode[1] = ____________________________________________
        proCode[1][1]="北京";
        proCode[1][2]="天津";
        proCode[1][3]="河北";
        proCode[1][4]="山西";
        proCode[1][5]="内蒙古";
        //【代码 5】定义二维数组第二行的列数
        proCode[2] = ____________________________________________
        proCode[2][2]="吉林";
        proCode[2][3]="黑龙江";
        //【代码 6】//定义二维数组第三行的列数
        proCode[3] = ____________________________________________
        proCode[3][1]="上海";
        proCode[3][2]="江苏";
        proCode[3][3]="浙江";
        proCode[3][4]="安徽";
```

```
proCode[3][5]="福建";
proCode[3][6]="江西";
proCode[3][7]="山东";
//【代码 7】//定义二维数组第四行的列数
proCode[4] =________________________________________
proCode[4][1]="河南";
proCode[4][2]="湖北";
proCode[4][3]="湖南";
proCode[4][4]="广东";
proCode[4][5]="广西";
proCode[4][6]="海南";
proCode[5] = new String[5];
proCode[5][0]="重庆";
proCode[5][1]="四川";
proCode[5][2]="贵州";
proCode[5][3]="云南";
proCode[5][4]="西藏";
proCode[6] = new String[6];
proCode[6][1]="陕西";
proCode[6][2]="甘肃";
proCode[6][3]="青海";
proCode[6][4]="宁夏";
proCode[6][5]="新疆";
proCode[8] = new String[3];
proCode[8][1]="香港";
proCode[8][2]="澳门";
//【代码 8】根据身份证号码获取地区的第一位数字
String firstRegionCode = ________________________________
//【代码 9】根据身份证号码获取地区的第二位数字
String secondRegionCode =________________________________
//【代码 10】将 firstRegionCode 转换为整数
int frc =____________________________________
//【代码 11】将 secondRegionCode 转换为整数
int src =___________________________________
if (_____________________//【代码 12】) {
   System.out.println("地区代码输入错误，请重新输入!");
```

```
        return;
    }
    if ( frc == 5 ) {
        if ( ____________________________//【代码 13】 ) {
            System.out.println ( "地区代码输入错误，请重新输入!" );
            return;
        }
    }else{
            if ( ____________________________//【代码 14】) {
                System.out.println ( "地区代码输入错误，请重新输入!" );
                return;
            }
    }
    //【代码 15】获取地区名称
    String regionName =________________________________________
    System.out.println ( "身份证所属号码的地区是："+regionName );
    SimpleDateFormat sdf = new SimpleDateFormat ( "yyyy 年 MM 月 dd 日" );
    Calendar calendar = Calendar.getInstance ( );
    //【代码 16】获取出生日期
    String birthdayStr =________________________________________
    //【代码 17】获取出生日期的年份
    String yearStr =____________________________________________
    //【代码 18】获取出生日期的月份
    String monthStr =___________________________________________
    //【代码 19】获取出生日期的日
    String dateStr =____________________________________________
    //【代码 20】将 yearStr 转换为整数
    int year =__________________________________________________
    //【代码 21】将 monthStr 转换为整数
    int month =_________________________________________________
    //【代码 22】将 monthStr 转换为整数
    int date = _________________________________________________
    //【代码 23】如果 month 是二月、year 是闰年，则 date 的值介于 1 到 29，
    //否则 date 的值介于 1 ~ 28。如果不符合条件，则显示出生日期错误，程
    //序退出
    ____________________________________________________________________
```

```
        //【代码 24】如果 month 不是二月，则判断一、三、五、七、八、十、十
        //二月是否是 31 天，其他月份是否是 30 天。如果不符合以上条件，则显
        //示出生日期错误，程序退出

        ________________________________________________
        calendar.set（year，month-1，date）;
        Date birthday = calendar.getTime（）;
        String birthdayStr1 = sdf.format（birthday）;
        System.out.println（"出生日期是："+birthdayStr1）;
        //【代码 25】将身份证号码中的 8 位出生日期替换为“*”，并打印替换后
        //的字符串

        ________________________________________________
    }
}
```

四、实验指导

字符串在程序设计中应用非常广泛并且非常重要，JDK 提供了许多可以操作字符串的方法，使得字符串的操作变得比较容易，表 4.1 列出了 String 类的常用方法。

表 4.1 String 类的常用方法

方法	说明
public char charAt（int index）	返回 index 指定位置的字符（index 从 0 开始）
public String concat（String str）	将 str 字符串连接到当前字符串末尾
publicboolean contains（CharSequence s）	判断字符串是否包含 s
Publicboolean endsWith（String suffix）	判断字符串是否以 suffix 字符串结尾
public int indexOf（String str）	返回字符串 str 第一次出现的位置(从 0 开始)
public boolean isEmpty（）	判断字符串的长度是否为 0，是则返回 true，否则返回 false
public int length（）	返回字符串长度
public String replace（char oldChar, char newChar）	以 newChar 字符替换串中所有 oldChar 字符
public String trim（）	去掉字符串的首尾空格
public String substring（int beginIndex, int endIndex）	返回从 beginIndex 位置开始（包含）到 endIndex 位置截止（不包含）的子串
public String toLowerCase（）	将当前字符串全部转换为小写
public String toUpperCase（）	将当前字符串全部转换为大写

判断身份证有效性非常有效的方法就是利用正则表达式。正则表达式很久之前就已经整合到标准的 UNIX 工具之中，例如 sed 和 awk，以及程序设计语言之中的 Python 和 Perl。而在 Java 中，字符串操作还主要集中在 String、StringBuffer 和 StringTokenizer 类。与正则表达式相比较，它们只能提供相对简单的功能。

正则表达式是一种强大而灵活的文本处理工具。使用正则表达式，能够以编程的方式构造复杂的文本模式，并对输入的字符串进行搜索。一旦找到匹配这些模式的部分，就能够随心所欲地对它们进行处理。初学正则表达式时，其语法是一个难点，但它确实是一种简洁、动态的语言。正则表达式提供了一种完全通用的方式，能够解决各种与字符串处理相关的问题，如匹配、选择、编辑以及验证。

下面介绍与日期相关的类。

（1）日期取值。

在旧版本 JDK 的时代，有不少代码中日期取值利用了 java.util.Date 类，但是由于 Date 类不便于实现国际化，其实从 JDK1.1 开始，就更推荐使用 java.util.Calendar 类进行时间和日期方面的处理。这里介绍如何利用 Calendar 类取得现在的日期时间。

由于 Calendar 的构造器方法被 protected 修饰，所以我们会通过 API 中提供的 getInstance 方法来创建 Calendar 对象。

```
Calendar now = Calendar.getInstance（ ）; //默认
int year = now.get（Calendar.YEAR）; //2017，当前年份
int month = now.get（Calendar.MONTH）+ 1; //12，当前月，注意加 1
int day = now.get（Calendar.DATE）; //23，当前日
Date date = now.getTime（ ）; //直接取得一个 Date 类型的日期
```

除了取得时间数据之外，我们也可以通过 Calendar 对象设置各种时间参数。

只设定某个字段的值，可以采用 public final void set（int field，int value）方法。例如设置年份是 2016 年：

```
now.set（Calendar.YEAR，2016）;
```

设置年月日可以采用 public final void set（int year，int month，int date）方法。例如，设置 2017 年 12 月 23 日：

```
now.set（2017，11，23）;
```

（2）日期转换。

日期转换一般是 Date 型日期与 String 型字符串之间的相互转换，主要利用 java.text.SimpleDateFormat 类相关方法进行转换操作。

```
SimpleDateFormat sdf = new SimpleDateFormat（"yyyy 年 MM 月 dd 日"）;
```

例如，将当前日期转换为 yyyy 年 MM 月 dd 日的格式，可以通过如下代码进行设置：

```
import java.text.*;
import java.util.*;
public class DateUtil{
      public static void main（String []args）{
     Calendar calendar = Calendar.getInstance（ ）;
          Date date = calendar.getTime（ ）;
          SimpleDateFormat sdf = new SimpleDateFormat（"yyyy 年 MM 月 dd 日"）;
```

```
        String dateStringParse = sdf.format ( date );
        System.out.println ( dateStringParse );
    }
}
```

日期转换结果如图 4.16 所示。

```
C:\Windows\system32\cmd.exe

D:\实验源代码>java DateUtil
2018年01月25日

D:\实验源代码>
```

图 4.16　日期转换结果

实验十二　包

一、实验目的

掌握 Java 程序中包的定义以及使用方法，并且能通过命令行编译和运行程序。

二、实验要求

在操作系统 D 盘新建 2 个文件夹，名称分别为 com 和 cn。在 com 文件夹下新建一个类，类名为 Server，成员方法为 print，方法中输出“我是 Server”。在 cn 文件夹下新建一个类，类名为 Client，成员方法为 show，方法中新建一个 Server 对象，并调用 print 方法。在 Client 中声明 main 方法，并新建一个 Client 对象，调用 Client 对象的成员方法 show。

通过 javac 命令编译 Server 类和 Client 类，用 java 命令执行 Client 类。

三、程序模板

按模板要求，将【代码 1】~【代码 3】替换为相应的 Java 程序代码。

```
  //Server.java
  //【代码 1】声明包
  ________________________________________
public class Server{
  public void print ( ) {
     System.out.println ( "我是 server" );
```

```
    }
}
//Client.java
//【代码 2】声明包
_______________________________________
//【代码 3】导入 Server 类
_______________________________________
public class Client{
    public void show ( ) {
    Server server = new Server ( );
    server.print ( );
    }
    public static void main ( String []args ) {
    Client client = new Client ( );
    client.show ( );
    }
}
```

四、实验指导

利用面向对象技术开发一个实际系统时，通常需要设计许多类共同工作。但 Java 编译器为每个类生成一个字节码文件，同时，在 Java 程序中要求文件名与类名相同，因此若要将多个类放在一起，就要保证类名不能重复。

Java 语言提供的一种区别类名空间的机制，是类的组织方式，包中还可以再有包，称为包等级。同一包中类名不能重复。源程序中没有声明类所在的包，Java 将类放在默认包中，意味着每个类使用的名字必须互不相同。

创建以 package 语句作为 Java 源文件的第一条语句，指明该文件中定义的类所在的包，它的格式为：

    package 包名 1[.包名 2[.包名 3]…];

例如： package cgj. Ly.myPackage;

创建包就是在当前文件夹下创建一个子文件夹（存放.class 文件），包名与对应文件夹名的大小写应一致。包层次的根文件夹由 ClassPath 确定。无名包：无 package 声明，默认包为当前文件夹。

如果要使用 Java 程序包中的类，必须在源程序中用 import 语句导入所需要的类。import 语句的格式为：

    import <包名 1>[.<包名 2>[.<包名 3>]].<类名>|*

其中 import 是关键字，<包名 1>[.<包名 2>[.<包名 3>]]表示包的层次，与 package

语句相同，它对应于文件夹。<类名>则指明所要导入的类，如果要从一个类库中导入多个类，则可以用星号“*”表示包中所有的类。多个包名及类名之间用圆点“.”分隔。

使用命令行工具编译的命令是 javac，在 com 文件夹上层目录使用 javac com/*.java 编译 Server.java 类，在 com 文件夹下生成 Server.class 文件。在 cn 文件夹上层目录使用 javac cn/*.java 编译 Client.java 类，在 cn 文件夹下生成 Client.class 文件。在 cn 文件夹上层路径执行 java cn.Client，可以看到如图 4.17 所示的结果。

```
D:\实验源代码>java cn.Client
我是server

D:\实验源代码>
```

图 4.17　包

实验记录

问题记录-解决方法： 日 期：

实验总结：

第五章　Java 类与对象

现实世界中，随处可见的一种事物就是对象，对象是事物存在的实体，如人类、书桌、计算机、高楼大厦等。人类解决问题的方式总是将复杂的事物简单化，于是就会思考这些对象都是由哪些部分组成的。通常都会将对象划分为两个部分，即动态部分与静态部分。静态部分，顾名思义就是不能动的部分，这个部分被称为“属性”，任何对象都会具备其自身属性，如一个人，其属性包括高矮、胖瘦、性别、年龄等。

类是对某一类事物的描述，是抽象的；而对象则是实际存在的属于该类事物的具体的个体。

本章将指导读者掌握定义类、创建对象、方法重载、对象成员变量及构造函数的初始化顺序。

实验一　类的定义

一、实验目的

（1）学习类的结构。

（2）学习类的成员变量及成员函数的声明格式。

二、实验要求

编写一个 Java 程序，在程序中定义一个 Rectangle 类，并且完善 Rectangle 类的结构。

三、程序模板

按模板要求，将【代码 1】~【代码 9】替换为相应的 Java 程序代码。

```
//Rectangle.java
public class Rectangle{
//【代码 1】定义一个私有的单精度浮点数的成员变量宽度
______________________________________________
//【代码 2】定义一个私有的单精度浮点数的成员变量长度
______________________________________________
```

//【代码 3】定义一个无参数的构造函数

____

//【代码 4】定义一个有 2 个参数的构造函数，并对成员变量进行初始化

____

//【代码 5】定义一个方法，方法的作用是求出矩形的面积

____

//【代码 6】定义一个方法，修改成员变量宽度的值

____

//【代码 7】定义一个方法，修改成员变量长度的值

____

//【代码 8】定义一个方法，返回矩形的宽度

____

//【代码 9】定义一个方法，返回矩形的长度

____

}

四、实验指导

下面介绍类的一般结构。

类就是具备某些共同特征的实体的集合，它是一种抽象的数据类型，是对具有相同特征的实体的抽象。在面向对象的程序设计语言中，类是对一类“事物”的属性与行为的抽象。定义类实际上就是定义类的属性和行为。在使用类之前，必须先定义，然后才可以利用所定义的类来声明相应的变量并创建对象。

定义类的一般语法结构如下：

```
[类修饰符] class 类名称{
    [成员变量修饰符] 数据类型 成员变量名称;
    [[方法修饰符] 类名([参数类型 参数名称，参数类型 参数名称，…])]
    [方法修饰符] 方法返回值的数据类型 方法名(参数类型 参数名称，参数类型 参数名称，…){
        方法体;
        [return 表达式]
    }
}
```

其中方括号“[]”中的修饰符是可选项。

实验二　对象的创建与使用

一、实验目的

（1）学习 Java 程序中构造函数的创建及作用。
（2）学习 Java 程序中对象的创建。
（3）学习 Java 程序中调用对象的成员变量与成员方法。

二、实验要求

编写一个 Java 程序，在程序中创建 Rectangle 类的两个对象，并访问它们的属性和方法。此实验用到了本章实验一中的 Rectangle 类，所以必须保证实验 1 中的 Rectangel 类能通过编译，并且与当前实验的类在同一个文件夹下。

三、程序模板

按模板要求，将【代码 1】~【代码 10】替换为相应的 Java 程序代码，使之能输出如图 5.1 所示的结果。

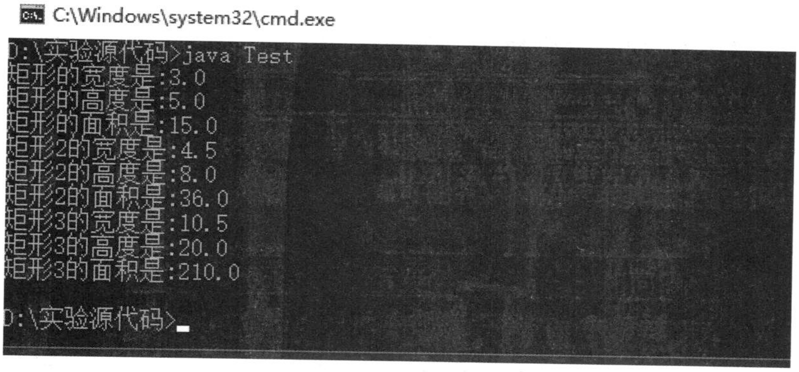

```
C:\Windows\system32\cmd.exe
D:\实验源代码>java Test
矩形的宽度是:3.0
矩形的高度是:5.0
矩形的面积是:15.0
矩形2的宽度是:4.5
矩形2的高度是:8.0
矩形2的面积是:36.0
矩形3的宽度是:10.5
矩形3的高度是:20.0
矩形3的面积是:210.0

D:\实验源代码>_
```

图 5.1　对象的创建与使用

```
public class Test{
    public static void main ( String []args ) {
        Rectangle rectangle = new Rectangle ( );
        rectangle.setWidth ( 3.0f );
        rectangle.setHeight ( 5.0f );
        float area = rectangle.getArea ( );
        System.out.println ( "矩形的宽度是： "+rectangle.getWidth ( ));
        System.out.println ( "矩形的高度是： "+rectangle.getHeight ( ));
        System.out.println ( "矩形的面积是： "+area );
```

```
        //【代码 1】调用无参的构造函数创建对象 r2
        ________________________________________
        //【代码 2】调用对象 r2 的成员方法设置 r2 的宽度为 4.5
        ________________________________________
        //【代码 3】调用对象 r2 的成员方法设置 r2 的长度为 8.0
        ________________________________________
        //【代码 4】显示对象 r2 的宽度
        ________________________________________
        ________________________________________
        //【代码 5】显示对象 r2 的长度
        ________________________________________
        ________________________________________
        //【代码 6】显示对象 r2 的面积
        ________________________________________
        ________________________________________
        //【代码 7】调用有参的构造函数创建对象 r3，设置宽度为 10.5、高度为 20.0
        ________________________________________
        //【代码 8】显示对象 r3 的宽度
        ________________________________________
        ________________________________________
        //【代码 9】显示对象 r3 的长度
        ________________________________________
        ________________________________________
        //【代码 10】显示对象 r3 的面积
        ________________________________________
        ________________________________________
    }
}
```

四、实验指导

要创建某个类的对象，首先要声明指向“由类所创建的对象”的变量，然后利用 new 运算符调用类的构造函数创建新的对象。对象访问对象的成员变量和成员方法通过“.”运算符。如果成员变量声明为“private”，则只能在该类访问，否则只能通过“public”或者“protected”修饰的成员方法进行访问。

实验三　类的构造函数

一、实验目的

（1）学习关键字 this 的调用。

（2）掌握类的构造函数之间的调用。

二、实验要求

编写一个 Java 程序，在程序中创建 Person 类，成员属性有：姓名（name）、年龄（age）、家庭地址（address）。要求有 4 个构造函数，分别对不同的成员属性进行初始化。

三、程序模板

按模板要求，将【代码 1】~【代码 10】替换为相应的 Java 程序代码，使之能输出如图 5.2 所示的结果。

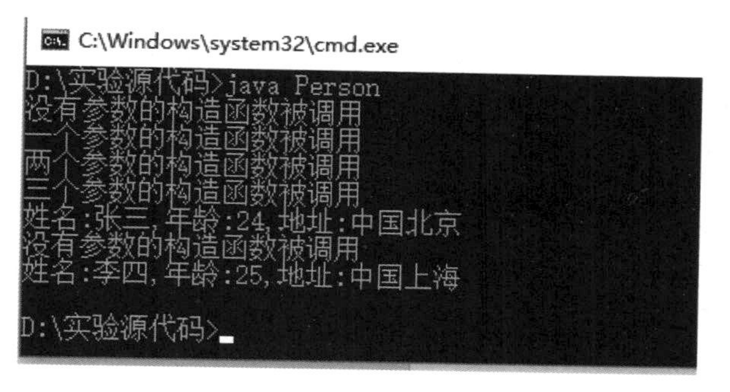

图 5.2　类的构造函数

```
//Perosn.java
public class Person{
    private String name;
    private byte age;
    private String address;
    public Person(String name, byte age, String address){
        //【代码 1】调用两个参数的构造函数
        ______________________________________
        //【代码 2】初始化成员变量 address
        ______________________________________
        System.out.println("三个参数的构造函数被调用");
```

```
}

public Person ( byte age, String name ) {
    //【代码 3】调用 1 个参数的构造函数
    ____________________________________________
    //【代码 4】初始化成员变量 name
    ____________________________________________
    System.out.println ( "两个参数的构造函数被调用" );
}

public Person ( byte age ) {
    //【代码 5】调用无参的构造函数
    ____________________________________________
    //【代码 6】初始化成员变量 age
    ____________________________________________
    System.out.println ( "一个参数的构造函数被调用" );
}
public Person ( ) {
    System.out.println ( "没有参数的构造函数被调用" );
}

public void setName ( String name ) {
    //【代码 7】初始化成员变量 name
    ____________________________________________
}
public String getName ( ) {
    return this.name;
}
public void setAge ( byte age ) {
    this.age = age;
}
Public byte getAge ( ) {
    return this.age;
}
public void setAddress ( String address ) {
    this.address = address;
```

```
    }
    public String getAddress ( ) {
        return this.address;
    }
  public static void main ( String[]args ) {
        Person p = new Person ( "张三", ( byte ) 24, "中国北京" );
    System.out.println ( "姓名: "+p.getName ( ) +", 年龄: "+p.getAge ( ) +", 地址: "+p.getAddress ( ));

        Person p1 = new Person ( );
        //【代码 8】设置 p1 的年龄为 25
        ________________________________________

        //【代码 9】设置 p1 的姓名为李四
        ________________________________________
        //【代码 10】设置 p1 的地址为中国上海
        ________________________________________
        System.out.println ( "姓名: "+p1.getName ( ) +", 年龄: "+p1.getAge ( ) +", 地址: "+p1.getAddress ( ));
    }
}
```

四、实验指导

构造函数是一种特殊类型的方法，因为它没有返回值，与函数值为空（void）有明显的不同。对于空的返回值，方法本身不返回任何值。构造函数不会返回任何值，假如构造函数具有返回值，并且允许人们自行选择返回类型，势必得让编译器知道如何处理此返回值。

假设你希望在方法的内部获得当前对象的引用，由于这个引用是由编译器“偷偷”传入的，所以没有标识符可以使用。但是为此有个专门的关键字：this。this 关键字只能在方法内部使用，表示对“调用方法的那个对象”的引用。this 用法和其他对象引用并无不同。但要注意，如果在方法内部调用同一个类的另外一个方法，就不必使用 this，直接调用即可。

可以在一个类中写多个构造函数，有时可能想在一个构造函数中调用另外一个构造函数，以避免重复代码，这时可以使用 this 关键字。在一个构造函数中通过 this 关键字调用另外一个构造函数，this 关键字必须放在调用构造函数中作为第一行可执行代码。通常写 this 的时候，都是指“这个对象”或者“当前对象”，而且它本身表示对当前对象的引用。在构造函数中，如果为 this 添加了参数列表，那么就有了不同的含义。这将产生对符合此参数列表的某个构造函数的明确调用。

实验四　方法重载

一、实验目的

（1）理解类的方法重载的作用。

（2）掌握方法重载的关键。

二、实验要求

编写一个 Java 程序，在程序中定义一个 AreaUtil 类，AreaUtil 类中有 3 个方法 area，分别用来求正方形、长方形以及三角形的面积。

三、程序模板

按模板要求，将【代码 1】~【代码 5】替换为相应的 Java 程序代码，使之能输出如图 5.3 所示的结果。

图 5.3　方法重载

```
//AreaUtil.java
public class AreaUtil{
    public float area（float length）{
        return length*length;
    }
  //参数 length 为长方形的长、width 为长方形的宽度
    public float area（float length，float width）{
        //【代码 1】计算长方形的面积并返回
        ________________________________________
        ________________________________________
    }
  //参数 a、b、c 分别为三角形的三条边
```

```
    public float area ( float a, float b, float c ) {
        //【代码 2】计算三角形的面积并返回
        ______________________________________
        ______________________________________
    }
    public static void main ( String []args ) {
        AreaUtil au = new AreaUtil ( );
        //【代码 3】调用计算正方形的面积并显示
        ______________________________________
        ______________________________________
        //【代码 4】调用计算长方形的面积并显示
        ______________________________________
        ______________________________________
        //【代码 5】调用计算三角形的面积并显示
        ______________________________________
        ______________________________________
    }
}
```

四、实验指导

方法重载是实现“多态”的一种方法。在面向对象的程序设计语言中，有一些方法的含义相同，但带有不同的参数，这些方法使用相同的名字，但是参数的个数或类型不同。

方法重载中参数的类型是关键，仅仅是参数的变量名不同是不行的。也就是说，参数的列表必须不同，即：参数的个数不同或者参数个数相同但类型不同。

通过方法重载，只需一个方法名称，就可以拥有多个不同的功能，使用起来非常方便。由此可以看出，方法重载是指多个相同的方法名称，然后根据参数的不同来设计不同的功能，以适应编程的需要。

实验五　对象成员的初始化顺序

一、实验目的

（1）掌握静态成员的定义。

（2）掌握静态成员与非静态成员的访问方式。

（3）掌握静态成员与非静态成员的初始化顺序。

二、实验要求

编写一个 Java 程序，定义一个 Teacher 类，初始化 Teacher 类中的静态成员和非静态成员、静态块和非静态块以及一个构造函数。

三、程序模板

按模板要求，将【代码 1】~【代码 5】替换为相应的 Java 程序代码，使之能输出如图 5.4 所示的结果。

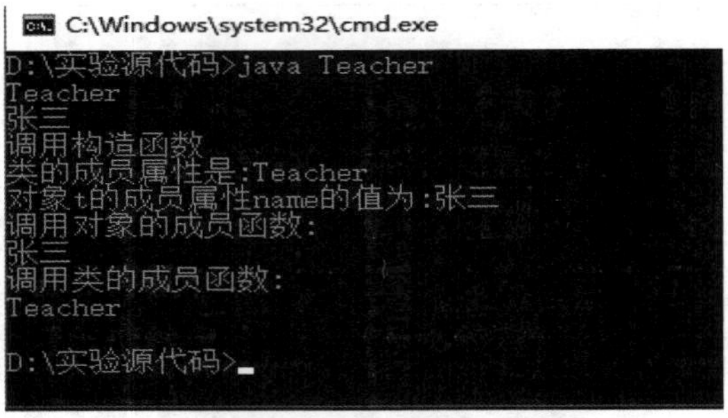

```
C:\Windows\system32\cmd.exe
D:\实验源代码>java Teacher
Teacher
张三
调用构造函数
类的成员属性是:Teacher
对象t的成员属性name的值为:张三
调用对象的成员函数:
张三
调用类的成员函数:
Teacher

D:\实验源代码>_
```

图 5.4　对象成员初始化顺序

```
//Teacher.java
public class Teacher{
    public final static String TYPE = "Teacher";
    String name ="张三";
    {
        System.out.println（name）;
    }
    static{
        System.out.println（TYPE）;
    }
    public Teacher（）{
        System.out.println（"调用构造函数"）;
    }
    public void printName（）{
        System.out.println（name）;
    }
    public static void printType（）{
        System.out.println（TYPE）;
    }
```

```
    public static void main（String []args）{
    //【代码 1】新建 Teacher 类的一个对象 t
    ____________________________________________
    //【代码 2】访问 Teacher 类的静态成员属性 TYPE
    ____________________________________________
    //【代码 3】访问 Teacher 类的非静态成员属性 name
    ____________________________________________
    //【代码 4】访问对象的成员函数
    ____________________________________________
    //【代码 5】访问类的成员函数
    ____________________________________________
  }
}
```

四、实验指导

1. 对象成员的初始化顺序

从实验结果可以看出，对象成员的初始化顺序为：

（1）静态成员或者静态块（按代码顺序执行）；

（2）非静态成员或非静态块（按代码顺序执行）；

（3）构造函数。

2. static 变量

static 变量也称作静态变量，静态变量和非静态变量的区别是：静态变量被所有的对象所共享，在内存中只有一个副本，它当且仅当在类初次加载时会被初始化。而非静态变量是对象所拥有的，在创建对象的时候被初始化，存在多个副本，各个对象拥有的副本互不影响。

3. static 方法

static 方法一般称作静态方法，静态方法不依赖于任何对象就可以进行访问，因此对于静态方法来说，是没有 this 的，因为它不依附于任何对象，既然都没有对象，就谈不上 this 了。并且由于这个特性，在静态方法中不能访问类的非静态成员变量和非静态成员方法，因为非静态成员方法/变量都必须依赖具体的对象才能够被调用。

static 方法就是没有 this 的方法。在 static 方法内部不能调用非静态方法，反过来则是可以的。而且可以在没有创建任何对象的前提下，仅仅通过类本身来调用 static 方法。这实际上正是 static 方法的主要用途。

4. static 代码块

static关键字还有一个比较关键的作用，就是用来形成静态代码块以优化程序性能。static 代码块可以置于类中的任何地方，类中可以有多个 static 代码块。在类初次被加载的时候，会按照 static 代码块的顺序来执行每个 static 代码块，并且只会执行一次。

与 C/C++中的 static 不同，Java 中的 static 关键字不会影响到变量或者方法的作用域。在 Java 中能够影响到访问权限的只有 private、public、protected（包括包访问权限）这几个关键字。在 C/C++中 static 是可以作用于局部变量的，但是切记：在 Java 中 static 是不允许用来修饰局部变量的。

实验六　访问修饰符与静态成员函数

一、实验目的

（1）学习构造函数的访问修饰符。
（2）学习从类内部新建对象。
（3）学习引用变量作为方法的返回值。

二、实验要求

编写一个 Java 程序，定义一个 SingleInstance 类，SingleInstance 类中有一个私有的字符串成员变量（用于初始化实例的名称）、唯一一个私有的无参构造函数和一个静态的方法。

三、程序模板

按模板要求，将【代码 1】~【代码 4】替换为相应的 Java 程序代码，使之能输出如图 5.5 所示的结果。

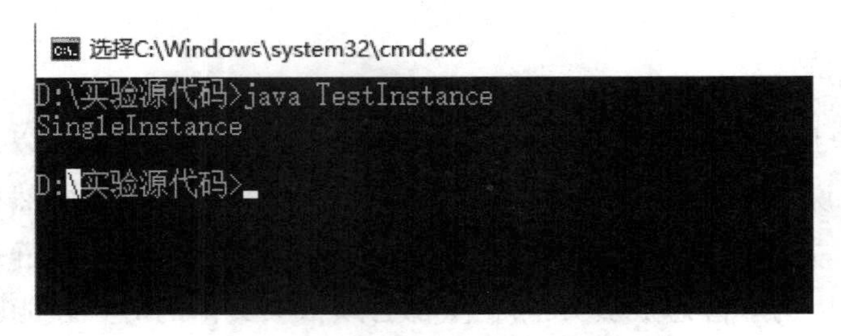

图 5.5　访问修饰符与静态成员函数

```
//SingleInstance.java
class SingleInstance{
```

```
    private static SingleInstance instance;
    //【代码 1】声明一个私有的无参构造函数
    ______________________________________
    ______________________________________
    //【代码 2】声明一个公有的静态的成员函数 getInstance，方法判断 instance
    //成员变量是否为空，如果为空，则根据构造函数新建一个对象，否则返回 instance
    ______________________________________
    ______________________________________
    ______________________________________
    ______________________________________
    public String getDesc ( ) {
        return "SingleInstance";
    }
}
// TestInstance.java
public class TestInstance{
    public static void main ( String []args ) {
        //【代码 3】新建一个 SingleInstance 对象 instance
        ______________________________________
        //【代码 4】调用 instance 的成员方法 getDesc 并打印函数的返回值
        ______________________________________
        ______________________________________
        ______________________________________
    }
}
```

四、实验指导

在构造函数或者方法加上访问修饰符 private 关键字，此构造函数或访问只能在本类的方法中访问，无法在其他类中访问。例如：

```
class Singleton{
    private Singleton ( ) {            // 将构造函数进行了封装，私有化
    }
    public void description ( ) {
        System.out.println ( "Hello Java" );
    }
};
```

```
public class Test{
      public static void main（String []args）{
            Singleton s1 = null;        // 声明对象
            s1 = new Singleton（）;        // 错误，无法实例化对象
      }
}
```

以上程序的执行结果如图 5.6 所示。

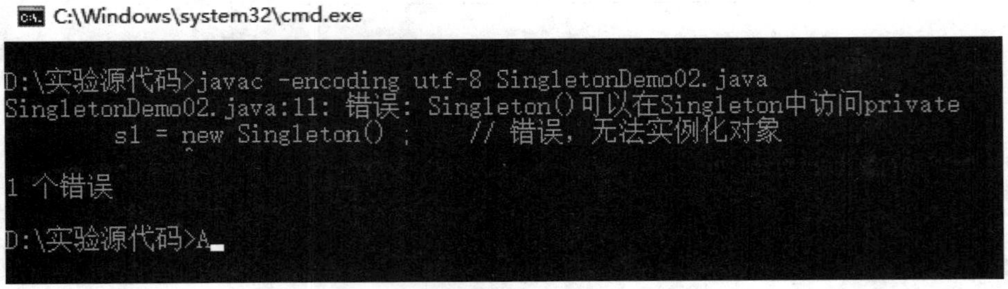

```
C:\Windows\system32\cmd.exe

D:\实验源代码>javac -encoding utf-8 SingletonDemo02.java
SingletonDemo02.java:11: 错误: Singleton()可以在Singleton中访问private
        s1 = new Singleton() ;    // 错误，无法实例化对象
             ^
1 个错误

D:\实验源代码>A
```

图 5.6

私有的构造函数无法在外部调用实例化对象，只能在类的内部进行实例化对象。

```
class Singleton{
 // 在内部产生本类的实例化对象
 private static Singleton instance = new Singleton（）;
 // 通过静态方法取得 instance 对象
 public static Singleton getInstance（）{
    return instance  ;
 }
    // 将构造方法进行了封装，私有化
private Singleton（）{
}
public void description（）{
    System.out.println（"Hello Java"）  ;
 }
};
public class Test{
    public static void main（String[] args）{
        Singleton s1 = null;        // 声明对象
         s1 = Singleton.getInstance（）;        // 取得实例化对象
         s1.print（）  ;                // 调用方法
```

```
    }
}
```

如果在 main 函数中声明了多个 Singleton 实例 s1，s2，s3 并进行初始化，则所有的实例化对象都是通过 getInstance（ ）方法取得的实例化对象。也就是说，此时 s1，s2，s3 实际上都使用了一个对象的引用：instance。在设计模式上，称为单例设计模式。如果在系统中不希望一个类产生过多的对象的话，则必须采用单例设计模式，而且，在以后的 Java 学习中，在支持 Java 的类库中，大量采用了这种模式。

单例设计模式核心是将类的构造方法私有化，之后在类的内部产生实例化对象，并通过类名引用类的静态方法（static）返回实例化对象的引用，如图 5.7 所示。

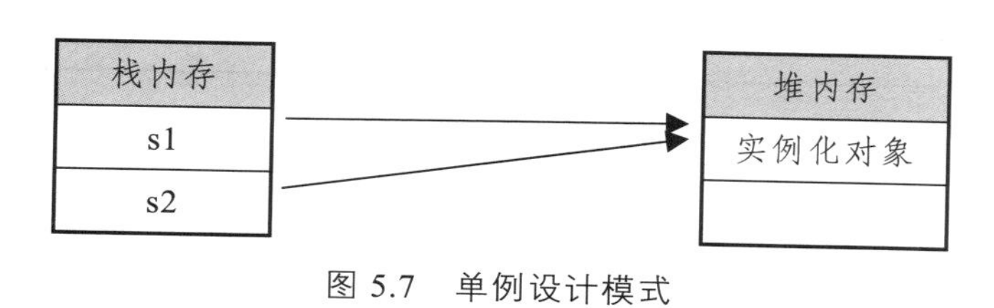

图 5.7　单例设计模式

实验记录

问题记录-解决方法：　　　　　　　　　　　　　　日　期：

实验总结：

第六章 Java 继承与抽象类

继承是 Java 面向对象编程技术的一块基石，因为它允许创建分等级层次的类。

继承就是子类继承父类的特征和行为，使得子类对象（实例）具有父类的实例域和方法；或子类从父类继承方法，使得子类具有父类相同的行为。

在面向对象的概念中，所有的对象都是通过类来描绘的，但是反过来，并不是所有的类都是用来描绘对象的，如果一个类中没有包含足够的信息来描绘一个具体的对象，这样的类就是抽象类。

抽象类除了不能实例化对象之外，类的其他功能依然存在，成员变量、成员方法和构造方法的访问方式和普通类一样。因为抽象类不能实例化对象，所以抽象类必须被继承才能被使用。也是因为这个原因，通常在设计阶段就要决定要不要设计抽象类。

父类包含了子类集合的常见的方法，但是由于父类本身是抽象的，所以不能使用这些方法。在 Java 中抽象类表示的是一种继承关系，一个类只能继承一个抽象类，而一个类却可以实现多个接口。

实验一 类的继承 1

一、实验目的

（1）学习类继承的语法。

（2）学习在子类中调用父类的成员变量和方法。

二、实验要求

编写一个 Java 程序，在程序中定义一个 Animal 类（属性：姓名，腿的数量），定义一个 Animal 类的子类 Bird 类（属性：姓名，腿的数量；方法：fly），再定义一个 Animal 类的子类 Dog 类（属性：姓名，腿的数量；方法：walk）。

三、程序模板

按模板要求，将【代码 1】~【代码 7】替换为相应的 Java 程序代码，使之能输出如图 6.1 所示的结果。

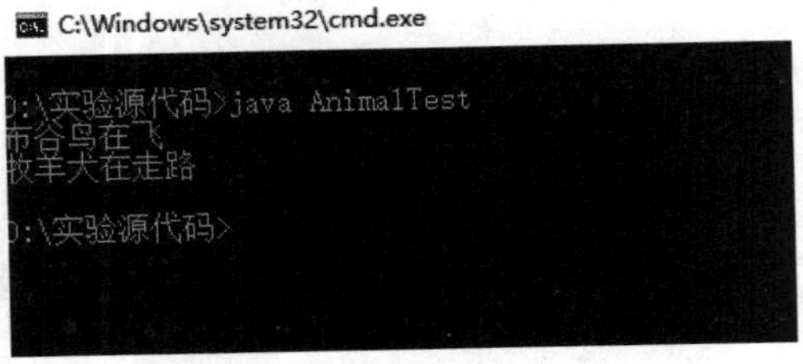

```
C:\Windows\system32\cmd.exe

D:\实验源代码>java AnimalTest
布谷鸟在飞
牧羊犬在走路

D:\实验源代码>
```

图 6.1　类的继承

```
class Animal{
    private String name;
    private byte legs;
    public Animal（String name，byte legs）{
        this.name = name;
        this.legs = legs;
    }
    public String getName（）{
        return this.name;
    }
    public byte getLegs（）{
        return this.legs;
    }
}

    //【代码 1】声明一个鸟类继承 Animal
    ____________________________________________{
    //【代码 2】声明鸟类的构造函数并调用 Animal 类的构造函数
    ____________________________________________
    ____________________________________________
    //【代码 3】声明鸟类对象的成员函数 fly，函数体内实现…在飞
    ____________________________________________
    ____________________________________________
    }
    //【代码 4】声明一个狗类继承 Animal
    ____________________________________________{
    //【代码 2】声明狗类的构造函数并调用 Animal 类的构造函数
    ____________________________________________
    ____________________________________________
```

```
    //【代码 3】声明狗类对象的成员函数 walk，函数体内实现…在走路
    ________________________________________
    ________________________________________
    }
public class AnimalTest{
    public static void main（String []args）{
    //【代码 4】新建一个鸟类对象
    ________________________________________
    //【代码 5】调用鸟类对象的成员函数 fly
    ________________________________________
    //【代码 6】新建一个狗类对象
    ________________________________________
    //【代码 7】调用狗类对象的成员函数 walk
    ________________________________________
    }
}
```

四、实验指导

在 Java 中通过 extends 关键字可以申明一个类是从另外一个类继承而来的，一般形式如下：

```
class 父类 {
}
class 子类 extends 父类 {
}
```

在 Java 中，类的继承是单一继承，也就是说，一个子类只能拥有一个父类，所以 extends 只能继承一个类。子类可以通过 super 关键字来实现对父类成员的访问，用来引用当前对象的父类。

继承的特性如下：

（1）子类拥有父类非 private 的属性和方法。

（2）子类可以拥有自己的属性和方法，即子类可以对父类进行扩展。

（3）子类可以用自己的方式实现父类的方法。

（4）Java 的继承是单继承，但是可以多重继承。单继承就是一个子类只能继承一个父类；多重继承就是，例如 A 类继承 B 类，B 类继承 C 类，所以按照关系就是 C 类是 B 类的父类，B 类是 A 类的父类，这是 Java 继承区别于 C++继承的一个特性。

（5）提高了类之间的耦合性，这是继承的缺点，耦合度高就会造成代码之间的联系。

子类不能继承父类的构造函数，但是父类的构造函数带有参数的，则必须在子类的构造函数中显式地通过 super 关键字调用父类的构造函数并配以适当的参数列表。如果父类有无参构造函数，则在子类的构造函数中用 super 调用父类构造函数不是必须的；如果没有使用 super 关键字，系统会自动调用父类的无参构造函数。

实验二　类的继承 1

一、实验目的

（1）学习抽象类的继承的语法。

（2）学习如何继承抽象类以及方法的覆盖。

（3）学习通过向上转型实现多态。

二、实验要求

创建平面图形抽象类（PlaneGraphic）及其子类三角形（Triangle）、圆（Circle）、长方形（Rectangle）的一个继承分级结构。在抽象类 PlaneGraphic 中，提供计算图形周长和面积的抽象方法，并在各子类中实现抽象方法，从而根据不同类型的平面图形计算相应的周长和面积。（提示：三角形面积计算采用海伦公式。）

三、程序模板

按模板要求，将【代码 1】~【代码 8】替换为相应的 Java 程序代码。

```
//PlaneGraphic.java
public abstract class PlaneGraphic{
    //【代码 1】定义计算图形周长的抽象方法 perimeter
    ____________________________________________________
    //【代码 2】定义计算图形面积的抽象方法 area
    ____________________________________________________
}
//Triangle.java
//【代码 3】定义三角形类继承平面图形抽象类
________________________________________________{
    //【代码 4】实现三角形周长的方法
    ______________________________________
    ______________________________________
    【代码 5】//实现三角形面积的方法
```

```
    ______________________________
    ______________________________
}
//Circle.java
//【代码 6】定义圆形类继承平面图形抽象类
____________________________{
    //【代码 7】实现圆周长的方法
    ______________________________
    ______________________________
    //【代码 8】实现圆面积的方法
    ______________________________
    ______________________________
}
//Rectangle.java
//【代码 6】定义长方形类继承平面图形抽象类
________________________________{
    //【代码 7】实现长方形周长的方法
    ______________________________
    ______________________________
    //【代码 8】实现长方形面积的方法
    ______________________________
    ______________________________
}
//Test.java
public class Test{
  public static void main（String []args）{
    PlaneGraphicsg1 = new Triangle（）;
    System.out.println（"三角形周长为："+sg1.perimeter（））;
    System.out.println（"三角形面积为："+sg1.area（））;
    sg1 = new Circle（）;
    System.out.println（"圆的周长为："+sg1.perimeter（））;
    System.out.println（"圆的面积为："+sg1.area（））;
    sg1 = new Rectangle（）;
    System.out.println（"长方形的周长为："+sg1.perimeter（））;
    System.out.println（"长方形的面积为："+sg1.area（））;
```

```
    }
}
```

四、实验指导

在面向对象的概念中，所有的对象都是通过类来描绘的，但是反过来，并不是所有的类都是用来描绘对象的，如果一个类中没有包含足够的信息来描绘一个具体的对象，这样的类就是抽象类。

抽象类除了不能实例化对象外，类的其他功能依然存在，成员变量、成员方法和构造方法的访问方式和普通类一样。由于抽象类不能实例化对象，所以抽象类必须被继承才能被使用。也是因为这个原因，通常在设计阶段决定要不要设计抽象类。

如果一个类里面定义了抽象方法，这个类必须定义为抽象类，反之亦然。

多态一般分为两种：重写式多态和重载式多态。

重载式多态也叫编译时多态。也就是说这种多态在编译时已经确定好了。重载就是方法名相同而参数列表不同的一组方法。在调用这种重载的方法时，通过传入不同的参数最后得到不同的结果。

重载式多态也叫运行时多态。这种多态通过动态绑定（dynamic binding）技术来实现，是指在执行期间判断所引用对象的实际类型，根据其实际的类型调用其相应的方法。也就是说，只有程序运行的时候，才知道调用的是哪个子类的方法。这种多态通过函数的重写以及向上转型来实现。

多态的条件如下：

① 继承：在多态中必须存在有继承关系的子类和父类。

② 重写：子类对父类中某些方法进行重新定义，在调用这些方法时就会调用子类的方法。

③ 向上转型：在多态中需要将子类的引用赋给父类对象，只有这样，该引用才能够具备调用父类的方法和子类的方法的技能。这样做的好处是减少重复代码，使代码变得简洁；提高系统扩展性。

实验三　类继承 2

一、实验目的

（1）学习抽象类的继承的语法。

（2）学习如何继承抽象类以及方法的覆盖。

（3）通过业务描述自定义类结构及继承关系。

二、实验要求

创建一个 Vehicle 类并将它声明为抽象类。在 Vehicle 类中声明一个 noOfWheels 方法，使它返回一个字符串值。创建两个类 Car 和 Motorbike 从 Vehicle 类继承，并在这两个类中实现 noOfWheels 方法。在 Car 类中应当显示“四轮车”信息，而在 Motorbike 类中应当显示“双轮车”信息。创建另一个带 main 方法的类，在该类中创建 Car 和 Motorbike 的实例，分别调用 NoOfWheels 方法并在控制台显示方法返回的消息。

三、程序模板

按模板要求，将【代码 1】~【代码 8】替换为相应的 Java 程序代码。

```
//Vehicle.java
________________class Vehicle{//【代码 1】声明 Vehicle 类为抽象类
    ________________________________________//【代码 2】noOfWheels 方法
}
//Car.java
public class Car_______________________Vehicle{//【代码 3】继承 Vehicle 类
    //【代码 4】实现 noOfWheels 方法
    ________________________________________
    ________________________________________
}
//Motorbike.java
public class Motorbike________________Vehicle{//【代码 5】继承 Vehicle 类
    //【代码 6】实现 noOfWheels 方法
    ________________________________________
    ________________________________________
}
//Main.java
public class Main{
    public static void main ( String []args ) {
    //【代码 7】创建 Car 类对象
    Vehicle car = ____________________________
    //【代码 8】创建 Motorbike 对象
    Vehicle motorbike = ________________________________
    //【代码 9】调用 car 对象的 noOfWheels 方法并在控制台显示方法的返回值
    ______________________________________________
    ______________________________________________
```

```
        //【代码 10】调用 motorbike 对象的 noOfWheels 方法并在控制台显示方法的
        //返回值
        ______________________________________________
        ______________________________________________
    }
}
```

实验四　继承关系对象的初始化顺序

一、实验目的

（1）学习抽象类的继承的语法。

（2）学习对象成员变量及构造函数的执行顺序。

（3）学习创建匿名对象。

二、实验要求

创建一个类名为 Parent 的父类，在 Parent 类中声明一个静态字符串变量并进行初始化，声明一个非静态字符串成员变量并进行初始化，在非静态块中输出非静态变量的值，在静态块中输出静态变量的值；声明一个构造函数，构造函数内输出“父类的构造函数”。

创建一个名为 Sub 的类并继承 Parent，在子类中声明一个静态整型变量并进行初始化，声明一个非静态整型成员变量并进行初始化，在非静态块中输出非静态变量的值，在静态块中输出静态变量的值；声明一个构造函数，构造函数内输出“子类的构造函数”。

创建一个拥有 main 函数的 Client 的类，在 main 函数中创建一个匿名的子类对象。分析程序的输出结果。

三、程序模板

按模板要求，将【代码 1】~【代码 3】替换为相应的 Java 程序代码。

```
//Parent.java
public class Parent{
    //【代码 1】按实验要求补充完整
    ______________________________________
    ______________________________________
}
```

```
//Sub.java
public class Sub extends Parent{
    //【代码 2】按实验要求补充完整
    ________________________________
    ________________________________
}
//Client.java
public class Client{
    //【代码 3】按实验要求补充完整
    ________________________________
    ________________________________
}
```

四、实验指导

子类的静态变量和静态初始化块的初始化是在父类的变量、初始化块和构造器初始化之前就完成的。

静态变量、静态初始化块，变量、初始化块初始化的顺序取决于它们在类中出现的先后顺序。

实验记录

问题记录-解决方法：　　　　　　　　　　　　　　日　期：

实验总结：

第七章　接口与多态

接口在 Java 编程语言中是一个抽象类型，是抽象方法的集合，接口通常以 interface 来声明。一个类通过继承接口的方式，从而继承接口的抽象方法。接口并不是类，虽然编写接口的方式和类很相似，但是它们属于不同的概念。类描述对象的属性和方法，接口则包含类要实现的方法。

多态是面向对象的主要特征之一，多态是同一个行为具有多个不同表现形式或形态的能力。

本章将指导读者学习接口的定义以及多态的使用。

实验一　接口 1

一、实验目的

（1）学习接口定义的语法。

（2）学习类实现接口的方法。

二、实验要求

体操比赛中计算选手成绩的办法是去掉一个最高分和一个最低分再计算平均分；而学校考察一个班级的某科目的考试情况时，是计算全班学生的平均成绩。Gymnastics 类和 School 类都实现了 ComputerAverage 接口，但实现方式不同。

三、程序模板

按模板要求，将【代码 1】~【代码 4】替换为相应的 Java 程序代码。

```
interface ComputerAverage {
    public double average（double x[]）;
}

class Gymnastics ComputerAverage { //【代码 1】
    public double average（double x[]） {
```

```
        int count = x.length;
        double aver = 0,  temp = 0;
        //【代码 2】对数组 x 进行排序
        ________________________________________
        ________________________________________
        //【代码 3】计算除去最低分和最高分后的平均分
        ________________________________________
        ________________________________________
        if（count > 2）
            aver = aver /（count - 2）;
        else
            aver = 0;
        return aver;
    }
}

class School implements ComputerAverage {
    public double average（double x[]） {
        int count = x.length;
        double aver = 0;
        for（int i = 0; i < count; i++） {
            aver = aver + x[i];
        }
        if（count > 0）
            aver = aver / count;
        return aver;
    }
}

public class Estimator {
    public static void main（String args[]）{
        double a[]={9.89, 9.88, 9.99, 9.12, 9.69, 9.76, 8.97};
        double b[]={89, 56, 78, 90, 100, 77, 56, 45, 36, 79, 98};
        ComputerAverage computer;
        //【代码 3】新建一个体育比赛的对象
        computer= ______________________________
```

```
        double result=computer.average（a）;
        //computer 调用 average（double x[]）方法，将数组 a 传递给参数 x
        System.out.printf（"%n"）;
        System.out.printf（"体操选手最后得分：%5.3f\n"，result）;
        //【代码 4】新建学习比赛对象
        computer=________________________________
        result=computer.average（b）;
        //computer 调用 average（double x[]）方法，将数组 b 传递给参数 x
        System.out.printf（"班级考试平均分数：%-5.2f\n"，result）;
    }
}
```

程序运行结果如图 7.1 所示。

```
体操选手最后得分：9.668
班级考试平均分数：73.09
Press any key to continue...
```

图 7.1　实验结果

四、实验指导

当类实现接口的时候，类要实现接口中所有的方法。否则，类必须声明为抽象的类。

类使用 implements 关键字实现接口。在类声明中，implements 关键字放在 class 声明后面。

实现一个接口的语法如下：

class 类名 implements 接口名称[，其他接口名称，其他接口名称…，…] …

实验二　接口 2

一、实验目的

（1）学习接口定义的语法格式。

（2）学习接口成员变量的定义。

（3）学习接口成员方法的定义。

二、实验要求

设计一个接口 IStudent，该接口描述的是本科生（StudentG）和硕士生（StudentM）

的公共方法：设置姓名、设置学号，输出所有信息，判断学生是否优秀。在该接口的基础上实现两个类 StudentG 和 StudentM。

StudentG 属性：姓名，学号，是否过 CET4，上学年综合测评成绩。StudentG 包含方法：构造函数，设置是否过 CET4，设置上学年综合测评成绩，接口中定义的所有方法（本科生优秀的标准是过 CET4，上学年综合测评成绩大于 85 分）。

StudentM 属性：姓名，学号，是否过 CET6，已发表文章篇数。StudentM 包含方法：构造函数，设置是否过 CET6，设置发表文章篇数，接口中定义的所有方法（硕士生优秀的标准是过 CET6，已发表文章篇数大于 1）。

根据上述描述要求：

（1）实现上述的接口和类（所有的接口及类都在一个文件夹下）；

（2）新建一个带有 main 函数的 Test 类并（在 main 函数内）实例化 5 个对象：3 个本科生，2 个硕士生 （至少各有 1 个优秀）；

（3）用多态的性质来判断所实例化的 5 个学生是否优秀；

（4）输出优秀学生的所有属性信息。

三、程序模板

按模板要求，将【代码 1】~【代码 11】替换为相应的 Java 程序代码。

```
//IStudent.java
Interface IStudent{
//【代码 1】设置姓名
  ________________________________
//【代码 2】设置学号
  ________________________________
//【代码 3】输出所有信息
  ________________________________
//【代码 4】判断学生是否优秀
  ________________________________
}
//StudentM.java
class StudentM ____________________【代码 5】IStudent {
   //【代码 5】StudentM 属性的定义
    ________________________________
    ________________________________
   //【代码 6】StudentM 方法的定义及实现
    ________________________________
    ________________________________
```

```
    ________________________________________
}
//StudentG.java
Class StudentG ________________________【代码 6】IStudent{
    //【代码 7】StudentG 属性的定义
    ________________________________________
    ________________________________________
    //【代码 8】StudentG 方法的定义及实现
    ________________________________________
    ________________________________________
    ________________________________________
    ________________________________________
    ________________________________________
}
//Test.java
publicclass Test{
    public static void main（String []args）{
    //【代码 9】实例化 3 个本科生对象和 2 个硕士生对象
    ________________________________________
    ________________________________________
    //【代码 10】判断 3 个本科生和 2 个硕士生是否优秀
    ________________________________________
    ________________________________________
    //【代码 11】输出优秀学生的信息
    ________________________________________
    ________________________________________
    }
}
```

四、实验指导

接口在 Java 编程语言中是一个抽象类型，是抽象方法的集合，接口通常以 interface 来声明。一个类通过继承接口的方式，从而继承接口的抽象方法。

接口并不是类，虽然编写接口的方式和类很相似，但是它们属于不同的概念。类描述对象的属性和方法，接口则包含类要实现的方法。

除非实现接口的类是抽象类，否则该类要定义接口中的所有方法。

接口无法被实例化，但是可以被实现。一个实现接口的类，必须实现接口内所描述的所有方法，否则就必须声明为抽象类。另外，在 Java 中，接口类型可用来声明一个变量，它们可以成为一个空指针，或是被绑定在一个以此接口实现的对象。

1. 接口与类的相似点

一个接口可以有多个方法。

接口文件保存在.java结尾的文件中，文件名使用接口名。

接口的字节码文件保存在.class结尾的文件中。

接口相应的字节码文件必须在与包名称相匹配的目录结构中。

2. 接口与类的区别

接口不能用于实例化对象。

接口没有构造方法。

接口中所有的方法必须是抽象方法。

接口不能包含除 static 和 final 以外的成员变量。

接口不是被类继承了，而是要被类实现。

接口支持多继承。

3. 接口特性

接口中每一个方法也是隐式抽象的，接口中的方法会被隐式地指定为 public abstract（只能是 public abstract，其他修饰符都会报错）。

接口中可以含有变量，但是接口中的变量会被隐式地指定为 public static final 变量（并且只能是 public，用 private 修饰会报编译错误）。

接口中的方法是不能在接口中实现的，只能由实现接口的类来实现接口中的方法。

4. 抽象类和接口的区别

（1）抽象类中的方法可以有方法体，就是能实现方法的具体功能，但是接口中的方法不行。

（2）抽象类中的成员变量可以是各种类型的，而接口中的成员变量只能是 public static final 类型的。

（3）接口中不能含有静态代码块以及静态方法（用 static 修饰的方法），而抽象类可以有静态代码块和静态方法。

（4）一个类只能继承一个抽象类，而一个类却可以实现多个接口。

5. 接口的声明语法格式

```
[访问修饰符] interface 接口名称[extends 其他的类名] {
    // 声明变量 // 抽象方法
}
```

6. 接口的实现

当类实现接口的时候，类要实现接口中所有的方法。否则，类必须声明为抽象的类。

类使用 implements 关键字实现接口。在类声明中，implements 关键字放在 class 声明后面。

实现一个接口的语法如下：

class 类名 implements 接口名称[，其他接口名称，其他接口名称…，…] …

实验三　多　态

一、实验目的

（1）能够根据情景描述新建接口。

（2）能够根据情景描述定义类。

（3）能够根据情景描述确定哪些类实现接口。

二、实验要求

小狗在不同环境条件下可能呈现不同的状态表现，要求接口封装小狗的状态。具体要求如下：

（1）编写一个接口 DogState，该接口有一个名为 void showState（ ）的方法。

（2）编写一个 Dog 类，该类中有一个 DogState 接口声明的变量 state。另外，该类有一个 show（ ）方法，在该方法中让接口 state 回调 showState（ ）方法。

（3）编写若干个实现 DogState 接口的类，负责刻画小狗的各种状态。

（4）编写主类，在主类中实现测试小狗的各种状态。

三、程序模板

按模板要求，将【代码 1】~【代码 11】替换为相应的 Java 程序代码，使之能输出如图 7.2 所示的结果。

图 7.2　接口综合实验

```
interface DogState{
    //【代码 1】方法定义
    ________________________________________
```

```
}
class SoftlyState implements DogState{
    //【代码 2】补充完整方法的定义和实现
    ____________________________________
    ____________________________________
}
class MeetEnemyState implements DogState{
    //【代码 3】补充完整方法的定义和实现
    ____________________________________
    ____________________________________
}
class MeetFriendState implements DogState{
    //【代码 4】补充完整方法的定义和实现
    ____________________________________
    ____________________________________
}
class MeetAnotherdogState implements DogState{
    //【代码 5】补充完整方法的定义和实现
    ____________________________________
    ____________________________________
}
class Dog{
        DogState state;
        public void show(){
            state.showState();
        }
        public void setState(DogState s){
            state=s;
        }
}
public class CheckDogState{
        public static void main(String args[]){
                Dog yellowDog=new Dog();
                System.out.print("狗在主人面前：");
                【代码 6】
                ____________________________________
```

```
            yellowDog.show ( );
            System.out.print ( "狗遇到敌人：" );
           【代码 7】
            ____________________________________
            yellowDog.show ( );
            System.out.print ( "狗遇到朋友：" );
           【代码 8】
            ____________________________________
            yellowDog.show ( );
            System.out.print ( "狗遇到同类：" );
           【代码 9】
            ____________________________________
            yellowDog.show ( );
    }
}
```

实验四　多重继承

一、实验目的

（1）学习接口的定义。

（2）学习 Java 的多重继承。

二、实验要求

铁人三项运动（triathlon）是体育运动项目之一，属于新兴综合性运动竞赛项目。比赛由天然水域游泳、公路自行车、公路长跑三个项目按顺序组成，运动员需要一鼓作气赛完全程。铁人三项运动 2000 年成为奥运会项目，2006 年成为亚运会项目。

请使用 Java 语言创建三个接口来描述游泳、自行车、长跑这三项功能，新建一个 Person 类来描述一个人是铁人三项运动员。

三、程序模板

按模板要求，将【代码 1】~【代码 7】替换为相应的 Java 程序代码，使之能输出如图 7.3 所示的结果。

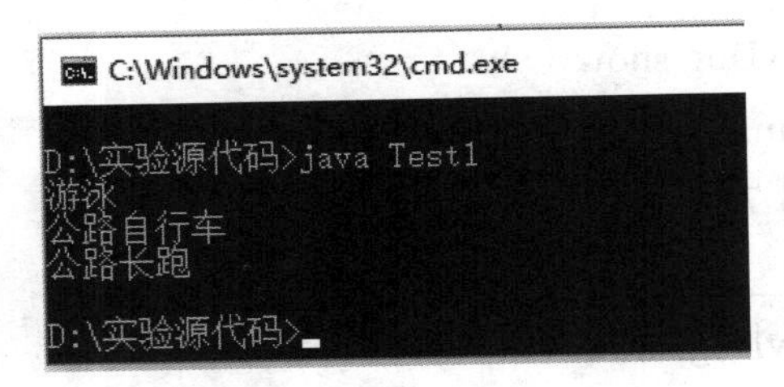

图 7.3　程序运行结果

//ISwim.java

//【代码 1】游泳接口，接口定义一个函数类型为空、参数为空的方法 swim

____

____

//IRideBicycle.java

//【代码 2】骑自行车接口，接口定义一个函数类型为空、参数为空的方法 rideBicyle

____

____

//IRace.java

//【代码 3】公路长跑接口，接口定义一个函数类型为空、参数为空的方法 race

____

____

//ITriathletes.java

//【代码 4】铁人三项运动员具备游泳、骑自行车、公路长跑功能

Interface ITriathletes extends________________________________{

}

//Triathletes.java

classTriathletes implementsITriathletes{

____

____

}

//Test.java

class Test1{

public static void main（String []args）{

Triathletes t = new Triathletes（）;

//【代码 5】调用方法 swim

____

//【代码 6】调用方法 rideBicyle

```
        ______________________________
        //【代码 7】调用方法 race
        ______________________________
    }
}
```

四、实验指导

子类只能继承一个父类，也就是说只能存在单一继承，但是却可以实现多个接口，这就为我们实现多重继承做了铺垫。

对于接口，有时候它所表现的不仅仅是一个更纯粹的抽象类，接口是没有任何具体实现的。也就是说，没有任何与接口相关的存储，因此也就无法阻止多个接口的组合了。

在 Java 中，类的多继承是不合法的，但接口允许多继承。在接口的多继承中，extends 关键字只需要使用一次，在其后跟着继承接口。如下所示：

public interface Hockey extends 接口 1，接口 2，…

实现多重继承的语法如下：

class 类名 extends 父类 implements 接口名称，其他接口名称，其他接口名称…，… …

实验记录

问题记录-解决方法：　　　　　　　　　　日 期：

实验总结：

第八章　异常处理

异常是程序中的一些错误，但并不是所有的错误都是异常，并且错误有时候是可以避免的。导致异常发生的原因有很多，通常包含以下几大类：

（1）用户输入了非法数据。

（2）要打开的文件不存在。

（3）网络通信时连接中断，或者 JVM 内存溢出。

这些异常有的是用户错误引起，有的是程序错误引起的，还有其他一些是物理错误引起的。

要理解 Java 异常处理是如何工作的，需要掌握以下三种类型的异常：

（1）检查性异常。最具代表的检查性异常是用户错误或问题引起的异常，这是程序员无法预见的。例如要打开一个不存在文件时，一个异常就发生了，这些异常在编译时不能被简单地忽略。

（2）运行时异常。运行时异常是可能被程序员避免的异常。与检查性异常相反，运行时异常可以在编译时被忽略。

（3）错误。错误不是异常，而是脱离程序员控制的问题。错误在代码中通常被忽略。

例如，当栈溢出时，一个错误就发生了，它们在编译时也是检查不到的。

本章将指导读者学习 Java 的异常处理机制，了解常见异常，学习多异常的处理以及异常的主动输出。

实验一　Java 异常处理机制

一、实验目的

（1）认识异常是如何产生的。

（2）学习 Java 语言的异常处理机制。

二、实验要求

编写一个 Java 程序，程序中定义一个字符串，接收从控制台输入的小写字符串，如果控制台没有输入字符串，请使用异常处理在控制台输出“参数输入错误”，否则转换为大写。

三、程序模板

按模板要求，将【代码 1】替换为相应的 Java 程序代码，使之能输出如图 8.1 所示的结果。

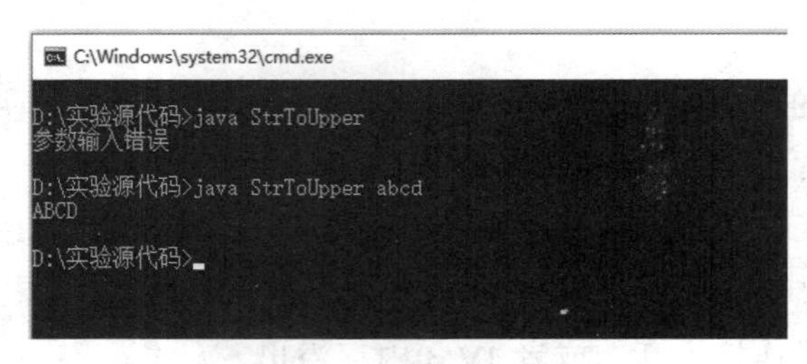

图 8.1　异常处理机制

```
//StrToUpper.java
public class StrToUpper{
    public static void main ( String []args ) {
        String str = args[0];
        //【代码 1】使用异常处理机制将字符串所有小写字母转换为大写字母
        ____________________________________________
        ____________________________________________
    }
}
```

四、实验指导

若运行这个程序的时候没有给 main 函数输入任何参数，程序运行就会出现异常，如图 8.2 所示。

```
D:\实验源代码>java StrToUpper
Exception in thread "main" java.lang.ArrayIndexOutOfBoundsException: 0
        at StrToUpper.main(StrToUpper.java:3)
```

图 8.2　Java 运行时异常

在程序运行过程中，如果发生异常事件，则产生该异常的“异常对象”；如果程序中没有处理相对应异常的代码，系统就会终止运行并打印异常对象的相关信息。异常本身作为一个对象，产生一个异常就是产生一个异常对象。这个对象可能由应用程序本身产生，也可能由 Java 虚拟机产生，这取决于产生异常的类型。该异常对象中包含异常事件类型以及发生异常时应用程序目前的状态和调用过程等必要的信息。

异常抛出后，系统随之发生一系列的事件。首先，同 Java 中其他对象的创建一样，使 new 运算符在堆上创建异常对象。然后当前的执行路径被终止，并且从当前环境中弹出对异常对象的引用。此时，异常处理机制接管程序，并开始寻找一个恰当的地方来继续执行程序。这个恰当的地方就是异常处理程序（捕获异常），它的任务是将程序从错误状态中恢复，以使程序能继续运行下去。

在 Java 语言的异常处理机制中，提供了 try-catch-finally 语句来捕获和处理一个或多个异常，其语法格式如下：

```
try{                                  ┐
   //可能产生异常的代码                 ├ try 块
                                      ┘
}catch（异常类名 形参对象）{           ┐
   //捕获异常后要处理的语句              ├ catch 块
                                      ┘
}finally{
   //始终要执行的语句                   ┐
                                      ├ finally 块
}                                     ┘
```

实验二　常见的异常

一、实验目的

（1）加深对异常处理机制的理解和应用。

（2）认识 Java 语言中常见的异常。

（3）了解 JDK7 之后多异常处理语法格式。

二、实验要求

编写一个 Java 程序，这个程序能够处理多种异常。

三、程序模板

按模板要求，将【代码 1】~【代码 5】替换为相应的 Java 程序代码，使之能输出如图 8.3 所示的结果。

```
public class ManyException {
    public static void main（String args[]） {
        System.out.println（"1、除法计算开始。"）;
        try {
            //【代码 1】//接收控制台输入的第一个参数并转换为整数
```

```
______________________________________________
//【代码 2】//接收控制台输入的第二个参数并转换为整数
______________________________________________
______________________________________________
      int result = x / y;
      System.out.println（"2、除法计算结果："+ result）;
    } catch （______________________//【代码 3】捕获算术异常） {
      System.out.println（"算术异常，异常为："+e）;
    } catch （____________________//【代码 4】捕获数组下标越界异常） {
      System.out.println（"参数个数输入错误，异常为："+e）;
    } catch （______________________//【代码 5】捕获数字转换异常） {
      System.out.println（"输入的参数无法转换为整数，异常为："+e）;
    } finally {
      System.out.println（"不管是否出现异常都执行"）;
    }
      System.out.println（"3、除法计算结束。"）;
  }
}
```

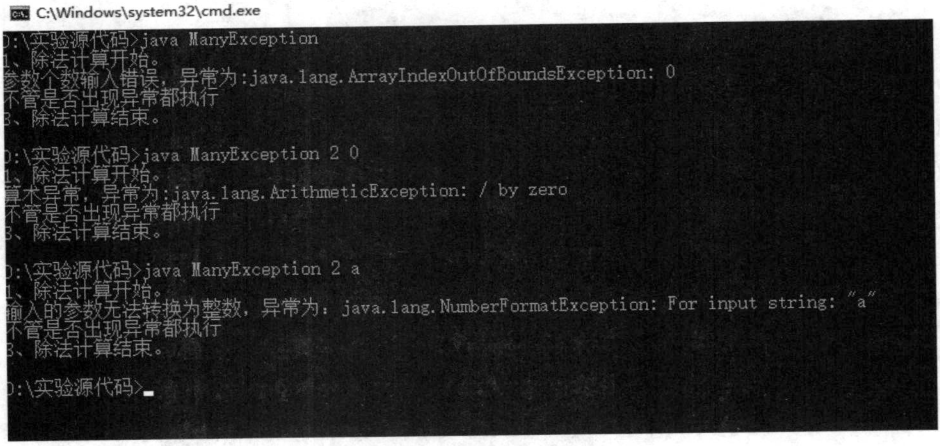

```
C:\Windows\system32\cmd.exe
D:\实验源代码>java ManyException
1、除法计算开始。
参数个数输入错误，异常为:java.lang.ArrayIndexOutOfBoundsException: 0
不管是否出现异常都执行
3、除法计算结束。

D:\实验源代码>java ManyException 2 0
1、除法计算开始。
算术异常，异常为:java.lang.ArithmeticException: / by zero
不管是否出现异常都执行
3、除法计算结束。

D:\实验源代码>java ManyException 2 a
1、除法计算开始。
输入的参数无法转换为整数，异常为：java.lang.NumberFormatException: For input string: "a"
不管是否出现异常都执行
3、除法计算结束。

D:\实验源代码>
```

图 8.3　多异常处理

四、实验指导

一个 try 块可能产生多种不同异常，如果希望采取不同的方法来处理这些不同的异常，就需要使用多异常处理机制。多异常处理是通过在一个 try 块后面定义若干个 catch 块来实现的，每个 catch 块用来接收和处理一种特定的异常对象。异常处理机制如图 8.4 所示。

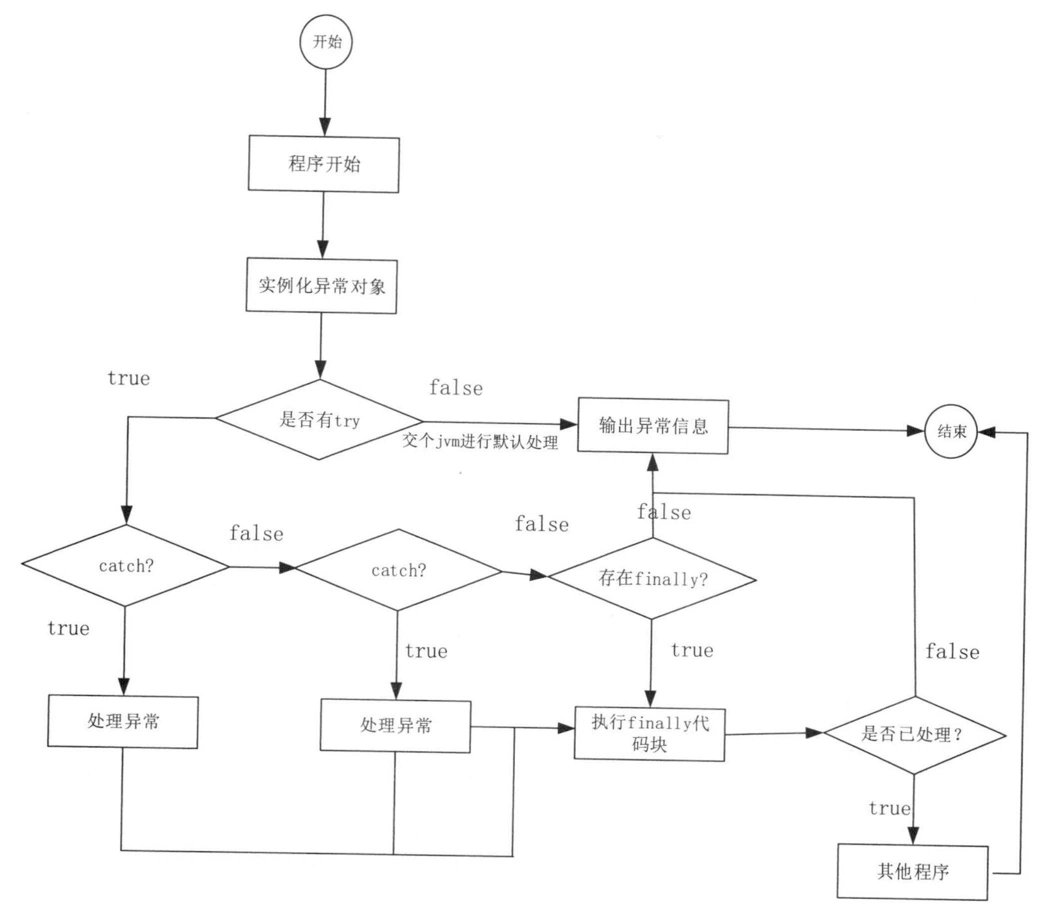

图 8.4 异常处理机制

所有的异常类都是从 java.lang.Exception 类继承的子类。Exception 类是 Throwable 类的子类。除了 Exception 类外，Throwable 还有一个子类 Error。Java 程序通常不捕获错误。错误一般发生在严重故障时，它们在 Java 程序处理的范畴之外。Error 用来指示运行时环境发生的错误，例如 JVM 内存溢出。一般地，程序不会从错误中恢复。

异常类有两个主要的子类：IOException 类和 RuntimeException 类。

Java 语言定义了一些异常类在 java.lang 标准包中。标准运行时异常类的子类是最常见的异常类。由于 java.lang 包是默认加载到所有的 Java 程序的，所以大部分从运行时异常类继承而来的异常类都可以直接使用。

Java 根据各个类库也定义了一些其他的异常类，表 8.1 中列出了 Java 的非检查性异常。

表 8.1 常见异常类

异常	描述
ArithmeticException	当出现异常的运算条件时，抛出此异常。例如，一个整数“除以零”时，抛出此类的一个实例

续表

异常	描述
ArrayIndexOutOfBoundsException	用非法索引访问数组时抛出的异常。如果索引为负或大于等于数组大小，则该索引为非法索引
ArrayStoreException	试图将错误类型的对象存储到一个对象数组时抛出的异常
ClassCastException	当试图将对象强制转换为不是实例的子类时，抛出该异常
IllegalArgumentException	抛出的异常表明向方法传递了一个不合法或不正确的参数
IllegalMonitorStateException	抛出的异常表明某一线程已经试图等待对象的监视器，或者试图通知其他正在等待对象的监视器而本身没有指定监视器的线程
IllegalStateException	在非法或不适当的时间调用方法时产生的信号。换句话说，即 Java 环境或 Java 应用程序没有处于请求操作所要求的适当状态下
IllegalThreadStateException	线程没有处于请求操作所要求的适当状态时抛出的异常
IndexOutOfBoundsException	指示某排序索引（例如对数组、字符串或向量的排序）超出范围时抛出
NegativeArraySizeException	如果应用程序试图创建大小为负的数组，则抛出该异常
NullPointerException	当应用程序试图在需要对象的地方使用 null 时，抛出该异常
NumberFormatException	当应用程序试图将字符串转换成一种数值类型，但该字符串不能转换为适当格式时，抛出该异常
SecurityException	由安全管理器抛出的异常，指示存在安全侵犯
StringIndexOutOfBoundsException	此异常由 String 方法抛出，指示索引或者为负，或者超出字符串的大小
UnsupportedOperationException	当不支持请求的操作时，抛出该异常

实验三　抛出异常

一、实验目的

（1）学习从方法中抛出异常。

（2）学习捕获方法中抛出的异常。

二、实验要求

编写一个 Java 程序，程序里定义一个方法，方法能抛出异常，在 main 方法中调用并捕获异常。

三、实验模板

按模板要求，将【代码 1】~【代码 5】替换为相应的 Java 程序代码，使之能输出如图 8.5 所示的结果。

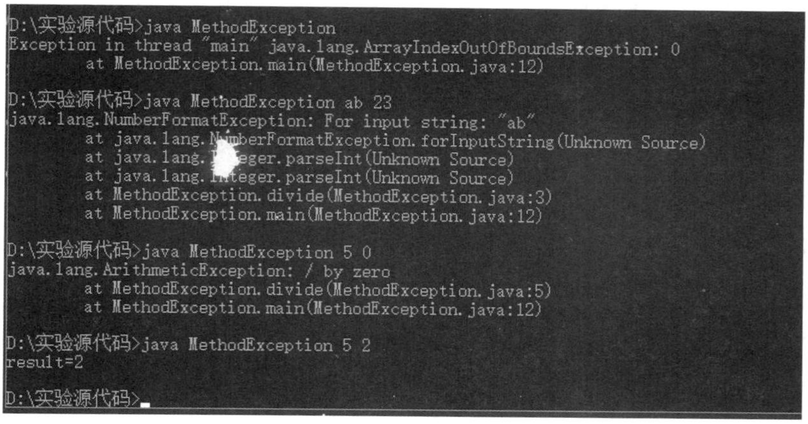

```
D:\实验源代码>java MethodException
Exception in thread "main" java.lang.ArrayIndexOutOfBoundsException: 0
        at MethodException.main(MethodException.java:12)

D:\实验源代码>java MethodException ab 23
java.lang.NumberFormatException: For input string: "ab"
        at java.lang.NumberFormatException.forInputString(Unknown Source)
        at java.lang.Integer.parseInt(Unknown Source)
        at java.lang.Integer.parseInt(Unknown Source)
        at MethodException.divide(MethodException.java:3)
        at MethodException.main(MethodException.java:12)

D:\实验源代码>java MethodException 5 0
java.lang.ArithmeticException: / by zero
        at MethodException.divide(MethodException.java:5)
        at MethodException.main(MethodException.java:12)

D:\实验源代码>java MethodException 5 2
result=2

D:\实验源代码>_
```

图 8.5　方法抛出异常

```
//MethodException.java
class MethodException{
    publicint divide（String str1，String str2）//【代码 1】方法抛出所有可能产生的异常
    {
    //【代码 2】如果 str1 或者 str2 为空，抛出空指针异常
    ________________________________
    ________________________________
    ________________________________
    //【代码 3】将字符串 str1 转换为整数
    int n1 = ________________________
    //【代码 4】//将字符串 str2 转换为整数
    int n2 = ________________________
    int result = n1/n2
    return result;
    }
    public static void main（String []args）{
    //【代码 5】调用方法 divide 并捕获异常
    ________________________________
    ________________________________
    }
}
```

四、实验指导

如果知道某个函数有可能抛出异常，而你又不想在这个函数中对异常进行处理，只是想把它抛出去让调用这个函数的上级调用函数进行处理，那么有两种方式可供选择：

（1）直接在函数头中添加 throws SomeException，函数体中不需要 try/catch。

（2）使用 try/catch，在 catch 中进行一定的处理之后（如果有必要的话）抛出某种异常。

在方法声明中添加 throws 字句表示方法将抛出异常。带有 throws 字句的方法的声明格式如下：

[访问修饰符]<函数返回类型><方法名>([<参数列表>])throws <异常类型列表(多个异常类型之间用逗号分隔) >

方法抛出异常后，系统将异常向上传递，由调用它的方法来处理这些异常。也就是说，如果某个方法声明抛出异常，则调用它的方法必须捕获并处理异常，否则会出现错误。

Java 异常类总共分三类：编译期异常，运行期异常和错误。

（1）编译期异常：程序正确，但因为外在的环境条件不满足而引发的异常。例如，用户错误及 I/O 问题——程序试图打开一个并不存在的远程 Socket 端口。这不是程序本身的逻辑错误，而很可能是远程机器名字错误（用户拼写错误）。对商用软件系统，程序开发者必须考虑并处理这个问题。Java 编译器强制要求处理这类异常，如果不捕获这类异常，程序将不能被编译。表 8.2 列出了部分编译期异常。

表 8.2　编译期异常

异常	描述
ClassNotFoundException	应用程序试图加载类时，找不到相应的类，抛出该异常
CloneNotSupportedException	当调用 Object 类中的 clone 方法克隆对象，但该对象的类无法实现 Cloneable 接口时，抛出该异常
IllegalAccessException	拒绝访问一个类的时候，抛出该异常
InstantiationException	当试图使用 Class 类中的 newInstance 方法创建一个类的实例，而指定的类对象因为是一个接口或是一个抽象类而无法实例化时，抛出该异常
InterruptedException	一个线程被另一个线程中断，抛出该异常
NoSuchFieldException	请求的变量不存在
NoSuchMethodException	请求的方法不存在

（2）运行期异常：这意味着程序存在 bug，如数组越界、0 被除、入参不满足规范，等等。这类异常需要更改程序来避免，Java 编译器强制要求处理这类异常。

（3）错误：一般很少见，也很难通过程序解决。它可能源于程序的 bug，但一般更可能源于环境问题，如内存耗尽。错误在程序中无须处理，而由运行环境处理。

表 8.3 列出的是 Throwable 类的主要方法。

表 8.3　Throwable 类的主要方法

序号	方法及说明
1	public String getMessage ( ) 返回关于发生的异常的详细信息。这个消息在 Throwable 类的构造函数中初始化了
2	public Throwable getCause ( ) 返回一个 Throwable 对象代表异常原因
3	public String toString ( ) 使用 getMessage ( ) 的结果返回类的串级名字
4	public void printStackTrace ( ) 打印 toString ( ) 结果和栈层次到 System.err，即错误输出流
5	public StackTraceElement [] getStackTrace ( ) 返回一个包含堆栈层次的数组。下标为 0 的元素代表栈顶，最后一个元素代表方法调用堆栈的栈底
6	public Throwable fillInStackTrace ( ) 用当前的调用栈层次填充 Throwable 对象栈层次，添加到栈层次任何先前信息中

实验四　自定义异常类

一、实验目的

（1）学习自定义异常类。

（2）学习自定义的异常类定义属性和方法。

二、实验要求

使用 extends 关键字建立一个自定义异常类。这个类有一个接受字符参数的构造器，把此参数保存在对象内部的字符串引用中。写一个方法显示此字符串。写一个 try-catch 字句，对这个异常进行测试。

三、实验模板

按模板要求，将【代码 1】~【代码 7】替换为相应的 Java 程序代码。

```
//MyException.java
class MyException extends ______________________//【代码 1】继承 Exception{
    //【代码 2】新建一个字符串类型的成员变量
    ______________________________
```

```
    //【代码 3】新建一个接受字符参数的构造函数
    ______________________________________
    ______________________________________
    //【代码 4】写一个方法显示字符串类型成员变量
    ______________________________________
    ______________________________________
}
public class TestException{
    public static void printArgs（String arg）____________________//【代码 5】{
    //【代码 6】如果 arg 为空则抛出自定义异常
    ______________________________________
    ______________________________________
  }
public static void main（String []args）{
    //【代码 7】调用 printArgs 方法，使用 try-catch 字句捕获异常并打印异常的信息
    ______________________________________
    ______________________________________
  }
}
```

四、实验指导

在 Java 中可以自定义异常类。编写自定义异常类时需要记住以下几点：

（1）所有异常类都必须是 Throwable 的子类。

（2）如果希望写一个检查性异常类，则需要继承 Exception 类。

（3）如果想写一个运行时异常类，那么需要继承 RuntimeException 类。

（4）一个异常类和其他任何类一样，包含有变量和方法。

自定义异常类的语法为：

```
class <自定义异常类类名>extends <异常类父类>{
 }
```

使用异常类可遵循以下原则：

（1）在当前方法被覆盖时，覆盖他的方法必须抛出相同的异常类或异常的子类。

（2）在当前方法声明中使用 try-catch 语句捕获异常。

（3）如果父类抛出多个异常，则覆盖方法必须抛出那些异常的一个子集，不能抛出新异常。

五、知识链接

JDK1.7 异常处理新模式

JDK1.7 对 try-catch-finally 的异常处理模式进行了增强。

（1）为了防止异常覆盖，给 Throwable 类增加了 addSuppressed 方法，可以将一个异常信息追加到另一个异常信息之后。

以下代码是第一种防止前面异常被覆盖的方法，通过在 finally 块中判断前面是否有异常抛出，如果有则最终抛出的异常为原来的异常，如果没有则最终抛出的异常为 finally 块中的异常。此时只能抛出一种异常信息。

```
private void readFile（String fileName） {
    FileInputStream input = null;
    IOException readException = null;
  try {
      input = new FileInputStream（fileName）;
  } catch（IOException ex） {
      readException = ex;
  } finally {
      if（input != null） {
      try {
          input.close（）;
      } catch（IOException e） {
          // 如果前面没有出现异常，则说明整个异常是此处产生的
          if（readException == null） {
              readException = e;
          }
      }
  }
if（readException != null） {
    throw new RuntimeException（readException）;
        }
      }
    }
```

以下代码是第二种防止异常被覆盖的方法，利用 JDK1.7 的新特性，通过在 finally 块的异常捕获代码中判断前面是否抛出异常，如果抛出异常则将 finally 块中抛出的异常追加在前面的异常信息之后。这样同时可以抛出两种异常信息类型。

```
private void readFile2（String fileName） {
    FileInputStream input = null;
    IOException readException = null;
    try {
        input = new FileInputStream（fileName);
} catch （FileNotFoundException e） {
    readException = e;
} finally {
    if（input != null） {
        try {
            input.close（);
        } catch （IOException e） {
//如果前面抛出的异常不为空，这里将 finally 块中的异常信息添加到原异常信息后面
                if（readException != null） {
                    readException.addSuppressed（e);
                } else {
                    readException = e;
                    }
                }
            }
        if（readException != null） {
            throw new RuntimeException（readException);
            }
        }
    }
}
```

（2）catch 块增强，可以同时捕获多个异常来进行统一处理。

在 JDK1.7 以上版本中，一个 catch 语句中可以捕获多种异常，以 | 分隔。在 JDK1.7 新特性中规定一个 catch 块中可以同时捕获属于父子关系的异常（只要子在前父在后，同分开的 catch 块中的顺序），但在 JDK1.8 中是不允许的。

```
private void catchMore（） {
  try {
    int a = Integer.valueOf（"aaa");
    throw new IOException（);
  }catch （NumberFormatException | IOException e） {
```

```
    } catch （RuntimeException e） {

    }
}
```

（3）try 语句增强，try 块可以进行资源管理。

JDK1.7 之后，对 try 块进行了增强，使其中声明的资源总是可以正确地被释放，而不需要多余的 finally 块来单独处理。需要注意的是，此时资源必须是 AutoCloseable 接口，实际上 JDK1.7 中通过 Closeable 接口继承自 AutoCloseable 接口。如果我们要自己实现资源的关闭，只须直接实现 AutoCloseable 接口即可。

```
private void tryWithResource（） {
    String fileName = "a.txt";
    try（BufferedReader br = new BufferedReader（new FileReader（fileName））） {

    } catch （FileNotFoundException e） {

    } catch（IOException e）{      }}
```

实验记录

问题记录-解决方法：　　　　　　　　　　　　　　日 期：

实验总结：

第九章　输入/输出

Java 中 I/O 操作主要是指使用 Java 进行输入/输出操作。Java 所有的 I/O 机制都是基于数据流进行输入/输出，这些数据流表示了字符或者字节数据的流动序列。Java 的 I/O 流提供了读写数据的标准方法。任何 Java 中表示数据源的对象都会提供以数据流的方式读写数据的方法。

java.io 是大多数面向数据流的输入/输出类的主要软件包。此外，Java 也对块传输提供支持，在核心库 java.nio 中采用的便是块 IO。

在 Java 的 IO 中，所有的 Stream 都包括两种类型：

（1）字节流：以字节为单位从 Stream 中读取或往 Stream 中写入信息，即 io 包中的 InputStream 类和 OutputStream 类的派生类。通常用来读取二进制数据，如图像和声音等。

（2）字符流：以 Unicode 字符为导向的 Stream，表示以 Unicode 字符为单位从 Stream 中读取或往 Stream 中写入信息。

本章将指导读者学习 Java 相关的 I/O 操作，熟练使用 I/O 相关的 API 的定义及应用，学习在 Java 编程中对文件的常用操作。

实验一　FileInputStream 类的应用

一、实验目的

（1）学习 FileInputStream 类的定义和应用。

（2）学习如何从控制台输入字符并输出到控制台。

（3）学习 FileInputStream 相关的方法。

二、实验要求

编写一个 Java 程序，在主函数中（main）声明 FileInputStream 类的对象，并利用此对象读入从键盘输入的英文字符直到输入#结束，并将读入的字符输出到控制台。

三、程序模板

按模板要求，将【代码 1】~【代码 5】替换为相应的 Java 程序代码，使之能输出如图 9.1 所示的结果。

```
D:\实验源代码>java ReadFile
ajksdlf#
键盘输入的字符为:
ajksdlf

D:\实验源代码>
```

图 9.1　FileInputStram

```
//ReadData.java
  import java.io.*;
  public class ReadFile{
  public static void main ( String []args ) throws IOException{
      FileInputStream fis = null;
       try{
          //【代码 1】初始化 fis 对象
          ______________________________________________
          //【代码 2】从控制台读入一个字节
          ______________________________________________
          ______________________________________________
          StringBuilder stringBuilder = new StringBuilder ( );
          //【代码 3】判断读入的字符是否是#，如果是则结束程序
          while ( ________________________ ) {
          //【代码 4】将读入的字节转换为字符并保存到 stringBuilder 对象中
          ______________________________________________
          ______________________________________________
          //【代码 5】利用 fis 继续读入下一个字符
          ______________________________________________
          ______________________________________________
          }
          System.out.println ( "键盘输入的字符为：" );
          System.out.println ( stringBuilder.toString ( ));
          }catch ( IOException e ) {
               e.printStackTrace ( );
          }finally{
               if ( fis != null ) {
                    fis.close ( );
```

```
                }
            }
        }
    }
```

四、实验指导

FileInputStream 类继承自 InputStram 类，通过 FileInputStream 类可以打开本地机器的文件，进行顺序读操作。FileInputStram 有 3 个构造函数，如表 9.1 所示。

表 9.1　FileInputStream 构造函数

构造函数	说明
FileInputStream（File file）	以指定名字的文件对象为数据源建立文件输入流
FileInputStream（FileDescriptor fdObj）	根据数据文件描述符对象建立一个文件输入流
FileInputStream（String name）	以指定名为 name 的文件为数据源建立文件输入流

从键盘读入字符，需要使用表 9.1 中的第二个构造函数，参数是一个 FileDescriptor 类型的对象，FileDescriptor 类被用来表示开放文件、开放套接字等。FileDescriptor 类中有 3 个静态的共有变量，分别表示不同的对象，如表 9.2 所示。

表 9.2　FileDescriptor 文件描述符

变量	说明
err	标准错误输出（屏幕）的描述符
in	标准输入（键盘）的描述符
out	标准输出（屏幕）的描述符

如果要从键盘读入字符，实例化 FileInputStream 类构建对象，参数使用 FileDescriptor.in。例如：new FileInputStream（FileDescriptor.in）。

FileInputStream 类中常用的方法如表 9.3 所示。

表 9.3　FileInputStream 类中常用的方法

方法	说明
public void close（）	关闭此文件输入流并释放与此流有关的所有系统资源
public int read（）	读取一个 byte 的数据，返回值是高位补 0 的 int 类型值
public int read（byte b[ ]）	读取 b.length 个字节的数据放到 b 数组中。返回值是读取的字节数
public int read（byte b[ ]，int off，int len）	从输入流中最多读取 len 个字节的数据，存放到偏移量为 off 的 b 数组中

实验二　FileOutputStream 类的应用

一、实验目的

（1）学习 FileOutputStream 类的定义和应用。

（2）学习从控制台输入字符并输出到控制台。

（3）学习 FileInputStream 相关的方法。

二、实验要求

编写一个 Java 程序，从键盘读入数据直到输入#并将读入的数据写到 D 盘的 file.txt 文件中。

三、程序模板

按模板要求，将【代码 1】~【代码 6】替换为相应的 Java 程序代码，使之能输出如图 9.2 和图 9.3 所示的结果。

图 9.2　程序执行过程

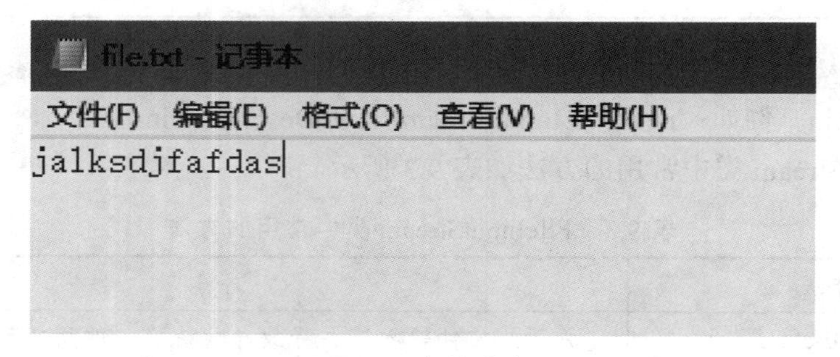

图 9.3　文件内容

```
//WriteFile.java
import java.io.*;
public class WriteFile{
    public static void main ( String []args ) throws IOException{
        FileInputStream fis = null;
```

```
        FileOutputStream fos = null;
        try{
            fis = new FileInputStream ( FileDescriptor.in );
            //【代码 1】初始化 fos 对象，文件源指向 D 盘的 file.txt 文件
            ______________________________________________
            ______________________________________________
            //【代码 2】从键盘读入字符
            while ( data != '#' ) {
            //【代码 3】读入的字符写入到文件 file.txt 文件中
            ______________________________________________
            ______________________________________________
            //【代码 4】继续读入下一个字符
            ______________________________________________
            }
              System.out.println ( "程序执行完毕" );
            }catch ( IOException e ) {
              e.printStackTrace ( );
            }finally{
            //【代码 5】关闭文件读入流对象
            ______________________________________________
            //【代码 6】关闭文件写入流对象
            ______________________________________________
        }

    }
}
```

四、实验指导

FileOutputStream 类继承自 OutputStream 类，通过这个类可以打开本地机器的文件，进行顺序写操作。FileOutputStream 类的对象表示一个文件字节输出流，可以向流中写入一个字节或一批字节，在生成 FileOutputStream 类的对象时，如果找不到指定的文件，则创建一个新文件，如果文件已存在则清空源文件的内容。

FileOutputStream 类的构造函数如表 9.4 所示。

FileOutputStream 类中常用的方法如表 9.5 所示。

表 9.4　FileOutputStream 类的构造函数

构造函数	说明
public FileOutputStream（Stirng name）	以指定名字的文件为接收端建立文件输出流
public FileOutputStream（String name，Boolean append）	以指定名字的文件为接收端建立文件输出流，并指定写入方式，append 为 true 时输出字节到被写文件的末尾（追加）
public FileOutputStream（File file）	以指定名字的文件对象为接收端建立文件输出流
Public FileOutputStream（FileDescriptor dfObj）	根据文件描述符对象加入一个文件输出流

表 9.5　FileOutputStream 类中常用的方法

方法	说明
public void close（）	关闭此文件输出流并释放与此流有关的所有系统资源
public void write（int b）	把指定的字节写到输出流中
public int write（byte b[ ]）	把指定数组中 b.length 长度的字节写到 FileOutputStream 中
public int write（byte b[ ]，int off，int len）	把指定数组 b 中从偏移量为 off 的位置最多写入 len 个字节的数据写到 FileOutputStream

实验三　读写基本类型的数据

一、实验目的

（1）学习 DataInputStream 的应用。

（2）学习 DataOutputStream 的应用。

二、实验要求

库存商品明细账是指按商品的品名、规格、等级分户设置，登记其收入、发出和结存情况的账簿。一般采用品名、价格、数量三栏式账页，以反映和控制每一种商品的数量和金额。

某商店出售 3 种商品，分别是衬衣、手套、围巾。编写 Java 程序将表 9.6 中的数据（除去第一行）写入到 D 盘根目录下的 goods.data 文件中。然后再读出 goods.data 中的数据显示在控制台。每一行数据通过“n\”完结，每行的各个数据之间通过“\t”完结。

表 9.6　商品明细

商品	分隔符	价格	分隔符	数量	分隔符
衬衣	\t	98.3f	\t	3	\n
手套	\t	30.3f	\t	2	\n
围巾	\t	50.5f	\t	1	\n

三、程序模板

按模板要求，将【代码 1】~【代码 7】替换为相应的 Java 程序代码，使之能输出如图 9.4 所示的结果。

```
名称：衬衣；价格：98.30；数量：3
名称：手套；价格：30.30；数量：2
名称：围巾；价格：50.50；数量：1
```

图 9.4　商品显示

```
//DataStream.java
import java.io.*;
public class Good {
        private String name;  //商品名称
        private float price;  //商品价格
        private int num;  //商品数量
        public Good（String name，float price，int num） {
                this.name = name;
                this.price = price;
                this.num = num;
        }
        public String getName（） {
                return name;
        }
        public void setName（String name） {
                this.name = name;
        }
        public float getPrice（） {
                return price;
        }
        public void setPrice（float price） {
```

```
            this.price = price;
        }
        public int getNum（ ）  {
            return num;
        }
        public void setNum（int num）  {
            this.num = num;
        }
}
public class DataStream{
    public static void main（String []args）throws IOException{
        DataOutputStream dos = null;
        DataInputStream dis = null;
            try{
            //【代码 1】根据表 9.6 中数据，初始化相应的 Good 对象
            ________________________________________________
            ________________________________________________
            //【代码 2】初始化 dos 对象
            ________________________________________________
            //【代码 3】将代码 1 中初始化后的对象数据写入到文件 goods.data 文件中
            ________________________________________________
            ________________________________________________
            //【代码 4】初始化 dis 对象
            ________________________________________________
            ________________________________________________
            //【代码 5】读取 goods.data 中数据，以行为单位组装成 Good 对象并以图
            //9.4 所示的格式显示在控制台
            ________________________________________________
            ________________________________________________
        }catch（IOException e）{
            e.printStackTrace（ );
        }finally{
        //【代码 6】关闭 dos 对象
        ________________________________________________
        //【代码 7】关闭 dis 对象
        ________________________________________________
```

```
        }
    }
}
```

四、实验指导

在 IO 包中提供了两个与平台无关的数据操作流，分别是数据输出流 DataOutputStream 和数据输入流 DataInputStream。

通常按照一定格式将数据输出，再按相应的格式将数据输入。要想使用数据输出流和输入流，则需要指定数据的保存格式。必须按指定的格式保存数据，才可以用数据输入流将数据读取进来。DataOutputStream 是 OutputStream 的子类。

public class DataOutputStream extends FilterOutputStream implements DataOutput

此类继承自 FillterOutputStream 类，同时实现 DataOutput 接口。在 DataOutput 接口中定义了一系列写入各种数据的方法。DataOutput 接口定义了一系列 writeXXX（ ）的操作，可以写入各种类型的数据。表 9.7 列出了 DataOutputStream 中常用的方法，表 9.8 列出了 DataInputStream 中常用的方法。

表 9.7 DataOutputStream 中常用的方法

方法	说明
public final void writeInt（int v）throws IOException	将一个 int 值以 4 字节值形式写入基础输出流中
public final void writeLong（long v）throws IOException	将一个 long 值以 8 字节值形式写入基础输出流中，先写入高字节。如果没有抛出异常，则计数器 written 增加 8
public final void writeFloat（float v）throws IOException	使用 Float 类中的 floatToIntBits 方法将 float 参数转换为一个 int 值，然后将该 int 值以 4 字节值形式写入基础输出流中，先写入高字节。如果没有抛出异常，则计数器 written 增加 4
public final void writeChar（String s）throws IOException	将字符串按字符顺序写入基础输出流。通过 writeChar 方法将每个字符写入数据输出流。如果没有抛出异常，则计数器 written 增加 s 长度的 2 倍

表 9.8 DataInputStream 中常用的方法

方法	说明
public final void readInt（ ）throws IOException	读取 4 个输入字节并返回 1 个 int 值
public final void readLong（ ）throws IOException	读取 8 个输入字节并返回 1 个 long 值
public final void readFloat（ ）throws IOException	读取 4 个输入字节并返回 1 个 float 值
public final void readChar（ ）throws IOException	读取 2 个输入字节并返回 1 个 char 值

实验四　FileWriter 和 FileReader 的应用

一、实验目的

（1）学习 FileWriter 类的应用。

（2）学习 FileReader 类的应用。

二、实验要求

在 D 盘根目录下新建一个 data.txt 文本文件，在 data.text 文件中输入如下内容“Java 语言诞生于 20 世纪 90 年代初期，从它正式问世以来，其快速发展已经让整个 Web 世界发生了翻天覆地的变化”。

编写 Java 应用程序，使用 FileReader 从 data.text 文件中读取内容，通过 FileWriter 类将 FileReader 读取的内容输出到 D 盘根目录的 data1.txt 文件中。

三、程序模板

按模板要求，将【代码 1】~【代码 2】替换为相应的 Java 程序代码，使之能输出图 9.5 所示的结果。

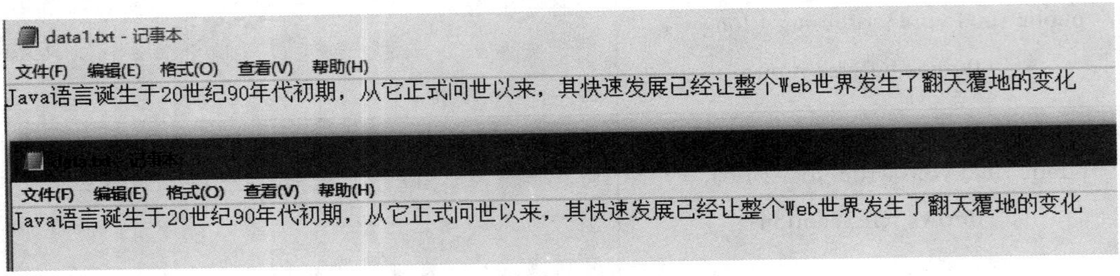

data1.txt - 记事本
文件(F)　编辑(E)　格式(O)　查看(V)　帮助(H)
Java语言诞生于20世纪90年代初期，从它正式问世以来，其快速发展已经让整个Web世界发生了翻天覆地的变化

文件(F)　编辑(E)　格式(O)　查看(V)　帮助(H)
Java语言诞生于20世纪90年代初期，从它正式问世以来，其快速发展已经让整个Web世界发生了翻天覆地的变化

图 9.5　程序执行后的结果

```
//FileReaderWriter.java
import java.io.*;
public class FileReaderWriter {
    public static void main（String[] args）throws IOException {
        FileReader fr = null;
        FileWriter fw = null;
        try {
        //【代码 1】初始化 fr 和 fw 对象

        ____________________________________________
```

```
        ______________________________________________
        ______________________________________________
        ______________________________________________
        //【代码 2】使用 fr 读取文件内容，并通过 fw 将读入的内容写入 data1.txt
        //文件中
        ______________________________________________
        ______________________________________________
        ______________________________________________
        ______________________________________________
        ______________________________________________
    } catch ( IOException e ) {
        e.printStackTrace ( );
    }finally {
        if ( fr != null )  {
            fr.close ( );
        }
            if ( fw != null )  {
                fw.close ( );
            }
        }
    }
}
```

四、实验指导

FileWriter 类继承自 OutputStreamWriter 类，用于字符文件的写，每次写入一个字符、一个字符数组或一个字符串。要使用 FileWriter 类将数据写入文件，必须先调用 FileWriter 的构造函数创建 FileWriter 对象，再利用它来调用 write 方法。FileWriter 类的构造函数如表 9.9 所示，常用方法如表 9.10 所示。

表 9.9　FileWriter 构造函数

构造函数	说明
public FileWriter (String fileName)	根据给定的文件名构造一个 FileWriter 对象
Public FileWriter (String fileName，boolean append)	根据给定的文件名以及指示是否附加写入数据的 boolean 值来构造 FileWriter 对象

表 9.10 FileWriter 常用函数

方法	说明
public void write (int c) throws IOException	写入单个字符
public void write (char[] cbuf, int off, int len) throws IOException	写入字符数组的某一部分
public void write (String str, int off, int len) throws IOException	写入字符串的某一部分
public void close ( ) throws IOException	关闭此流，但要先刷新它。在关闭该流之后，再调用 write ( ) 或 flush ( ) 将导致抛出 IOException。关闭以前关闭的流无效
public void flush ( ) throws IOException	刷新该流的缓冲

FileReader 类继承自 InputStreamReader 类，用于字符文件的读，每次读取一个字符或一个字符数组。在使用 FileReader 类读取文件时，必须先调用 FileReader 构造函数创建 FileReader 对象，再利用它来调用相应的 read 方法。FileReader 构造函数如表 9.11 所示，FileReader 类常用方法如表 9.12 所示。

表 9.11 FileReader 构造函数

构造函数	说明
public FileReader (String fileName)	在给定从中读取数据的文件名的情况下创建一个新 FileReader

表 9.12 FileReader 常用函数

方法	说明
public void read ( ) throws IOException	读取单个字符
public void read (char[] cbuf, int off, int len) throws IOException	将字符读入数组中的某一部分。读取的字符数如果已到达流的末尾，则返回-1
public void close ( ) throws IOException	关闭该流并释放与之关联的所有资源。在关闭该流后，再调用 read ( )、ready ( )、mark ( )、reset ( ) 或 skip ( ) 将抛出 IOException。关闭以前关闭的流无效

实验五　BufferedReader 的应用

一、实验目的

（1）学习 BufferedReader 类的应用。

（2）学习 BufferedReader 类的 readLine 方法的使用。

二、实验要求

在 D 盘根目录下新建文件 data.txt，在 data.txt 文件中输入 15 行文本内容，编写 Java 程序统计 data.txt 文件中的文本行数。

三、程序模板

按模板要求，将【代码 1】~【代码 2】替换为相应的 Java 程序代码。

```
//LineCount.java
import java.io.*;
public class CountLine{
    public static void main（String []args）throws IOException{
        BufferedReader br = null;
        int lineCount = 0;
        try{
        //【代码 1】初始化 br 对象
        ____________________________________________
        ____________________________________________
        //【代码 2】统计文本内容行数
        ____________________________________________
        ____________________________________________
            System.out.println（"共读取了"+lineCount+"行"）;
        }catch（IOException e）{
            e.printStackTrace（）;
        }finally{
            if（br != null）{
                br.close（）;
            }
        }
    }
}
```

四、实验指导

BufferedReader 由 Reader 类扩展而来，提供通用的缓冲方式文本读取，而且提供了很实用的 readLine，读取一个文本行，从字符输入流中读取文本，缓冲各个字符，从而提供字符、数组和行的高效读取。readLine（ ）使用起来特别方便，每次读回来的都是一行，省了很多手动拼接 buffer 的琐碎工作；它比较高效，相对于一个字符/字节地读取、转换、返回来说，它有一个缓冲区，读满缓冲区才返回；一般情况下，都建议使用它们把其他 Reader/InputStream 包起来，以使读取数据更高效。对于文件来说，经常遇到一行一行的，特别相符情景。

字节流和字符流使用是非常相似的，它们除了操作代码不同之外，还有以下几方面不同：① 字节流在操作的时候本身是不会用到缓冲区（内存）的，是与文件本身直接操作的；而字符流在操作的时候是使用到缓冲区的。② 字节流在操作文件时，即使不关闭资源（close 方法），文件也能输出，但是如果字符流不使用 close 方法的话则不会输出任何内容，说明字符流用的是缓冲区，并且可以使用 flush 方法强制进行刷新缓冲区，这时才能在不 close 的情况下输出内容。

在所有的硬盘上保存文件或进行传输都是以字节的方法进行的，包括图片也是按字节完成，而字符是只有在内存中才会形成的，所以使用字节的操作是最多的。如果要 Java 程序实现一个拷贝功能，应该选用字节流进行操作（可能拷贝的是图片），并且采用边读边写的方式（节省内存）。

实验六　文件操作

一、实验目的

（1）学习 File 类的使用。

（2）学习在程序中新建文件和文件夹。

（3）学习在程序中读取文件内容。

（4）学习删除文件。

（5）学习查看文件目录。

二、实验要求

编写程序分别实现以下功能：

（1）查看 D 盘根目录下名称为“我的程序”的文件夹是否存在，如果不存在则新建，否则输出“文件夹已存在不需要创建”。

（2）判断D盘根目录下名称为“我的程序.data”的文件是否存在，如果存在则删除文件，否则输出“文件不存在，无需删除”。

（3）在D盘根目录下新建名称为“java.txt”的文件，在控制台输出此文件的名称、绝对路径，如果是文件则输出“文件”，否则输出“文件夹”。

（4）输出D盘所有的文件及文件夹的名称。

（5）在D盘根目录下新建一个名称为“我的文件”的文件夹，在此文件夹下，新建3个扩展名为.txt的文件、2个扩展名为.docx文件、2个扩展名为.pptx文件。编写程序通过在控制台输入文件扩展名，在程序中输出此类文件的文件名称。

三、程序模板

按模板要求，将【代码1】~【代码12】替换为相应的Java程序代码。

（1）查看文件夹是否存在，如果不存在则新建。

```
//JudgeFile.java
import java.io.*;
public class JudgeFile{
public static void main（String []args）{
        File file = null;
        //【代码1】初始化文件对象file
        ________________________________________________
        if（______________________________//【代码2】）{
            System.out.println（"文件夹已存在不需要创建"）;
            return;
        }
        boolean ismkdir = false;
        //【代码3】新建文件夹
        ________________________________________________
        ________________________________________________
        if（ismkdir）
            System.out.println（"创建成功"）;
        else
            System.out.println（"创建失败"）;
    }
}
```

（2）判断文件是否存在，如果存在则删除。

```
//DeleteFile.java
    import java.io.*;
```

```
public class DeleteFile{
public static void main ( String []args ) {
    File file=null;
    //【代码 4】初始化 file 对象
    ________________________________________
    if ( ______________________//【代码 5】判断文件是否存在 ) {
    //【代码 6】删除文件
    ______________________________________
    }else{
       System.out.println ( "文件不存在，无需删除" )
    }
  }
}
```

(3)输出文件名称、绝对路径、是文件还是文件夹等信息。

```
//FileInfo.java
    import java.io.*;
    public class FileInfo{
    public static void main ( String []args ) {
        File file =null;
        //【代码 7】初始化 file 对象
        ____________________________
        //【代码 8】输出文件的名称
        ____________________________
        //【代码 9】输出文件的绝对路径
        ____________________________
        if ( ______________________//【代码 10】) {
           System.out.println ( "文件" );
        }else{
           System.out.println ( "文件夹" );
        }
    }
}
```

(4)输出文件夹下所有的文件及文件夹的名称。

```
//ListFile.java
    import java.io.*;
    public class ListFile{
```

```
    public static void main ( String []args ) {
        File file = new File ( "d: /" );
        //【代码 11】输出 D 盘根目录下所有文件及文件夹的名称
        ________________________________________
        ________________________________________
    }
}
```

（5）文件过滤。

```
//MyFileFilter.java
  import java.io.File;
  import java.io.FilenameFilter;
  public class MyFileFilter {
      public static void main ( String[] args ) {
        File file = new File ( "我的文件" );
        for ( File file: files ) {
            System.out.println ( file );
            if ( file.length ( ) >0 ) {
               String[] filenames =file.list ( new MyFileFilter ( args[0] ));
               for ( String filename: filenames ) {
                    System.out.println ( filename );
                 }
             }
        }
    }

}
classMyFileFilter implements FilenameFilter{
//【代码 12】完成 MyFileFilter 类的功能
  ________________________________________
  ________________________________________
}
```

四、实验指导

File 是 java.io 包下面的一个类，代表与平台无关的文件或者目录。Java 中，无论文件还是目录，都可以看作 File 类的一个对象。File 类能对文件或目录进行新建、删除、获取属性等操作，但是不能直接操作文件内容（文件内容需要用数据流访问）。JVM

默认会将 workspace 作为相对路径，即 user.dir 系统变量所指路径，即如果这样初始化 file 对象，File file = new File（"."）；就是获取了 user.dir 路径。

File 类的构造函数如表 9.12 所示。

表 9.12　File 类的构造函数

构造函数	说明
public File（String path）	通过将给定路径名字符串转换为抽象路径名来创建一个新 File 实例
publicFile（String parent，String child）	根据 parent 路径名字符串和 child 路径名字符串创建一个新 File 实例
File（File parent，String child）	根据 parent 抽象路径名和 child 路径名字符串创建一个新 File 实例

使用 File 类的构造函数时，要注意以下几点。

（1）path 参数可以是绝对路径（如 d：/java/test），也可以是相对路径（如 java/test），还可以是磁盘上的某个目录。

（2）由于不同的操作系统使用的目录分隔符不同，如 Windows 操作系统使用反斜线“\”，Unix 操作系统使用正斜线“/”。为了使 Java 程序能在不同的平台上运行，可以利用 File 类的一个静态变量 File.SEPERATOR。该属性中保存了当前操作系统规定的目录分隔符，使用它可以组合成在不同操作系统下都通用的路径。

File 对象一经创建，就可以通过调用此对象的方法来操作其所对应的文件或目录的属性。表 9.13 列出了 File 类中常用的方法。

表 9.13　File 类中常用的方法

方法	说明
public boolean delete（）	删除此抽象路径名表示的文件或目录
public void deleteOnExit（）	在虚拟机终止时，请求删除此抽象路径名表示的文件或目录
public boolean exists（）	测试此抽象路径名表示的文件或目录是否存在
public String getAbsolutePath（）	返回此抽象路径名的绝对路径名字符串
public Stirng getName（）	返回由此抽象路径名表示的文件或目录的名称
public String getPath（）	将此抽象路径名转换为一个路径名字符串
public boolean isDirectory（）	测试此抽象路径名表示的文件是否是一个目录
public boolean isFile（）	测试此抽象路径名表示的文件是否是一个标准文件
public File[] listFiles（）	返回一个抽象路径名数组，这些路径名表示此抽象路径名表示的目录中的文件
public boolean mkdir（）	创建此抽象路径名指定的目录
public boolean mkdirs（）	创建此抽象路径名指定的目录，包括所有必需但不存在的父目录
public boolean renameTo（File dest）	重新命名此抽象路径名表示的文件

实验七　文件综合实验

一、实验目的

学习文件夹的复制。

二、实验要求

在使用 Windows 操作系统时，经常用的一个功能就是复制。复制一个文件夹不仅可以复制此文件夹本身，也同时复制了此文件夹下的文件以及文件夹。

请使用 Java 的 File 类，模拟操作系统复制文件夹的功能，程序运行时从控制台输入要复制的文件夹的路径以及要复制到的目标路径。例如在 D 盘下一个文件夹的目录结构如图 9.6 所示，通过程序可以将此文件夹复制到另外一个目录（例如 E 盘），复制后的目录结构和之前的目录结构一致，如图 9.7 所示。

此电脑 › Windows (C:) › Java › jdk1.8.0_144 ›

名称	修改日期	类型	大小
bin	2017/12/26 20:42	文件夹	
db	2017/12/26 20:42	文件夹	
include	2017/12/26 20:42	文件夹	
jre	2017/12/26 20:42	文件夹	
lib	2017/12/26 20:42	文件夹	
COPYRIGHT	2017/7/21 22:21	文件	4 KB
javafx-src.zip	2017/12/26 20:42	好压 ZIP 压缩文件	4,979 KB
LICENSE	2017/12/26 20:42	文件	1 KB
README.html	2017/12/26 20:42	Chrome HTML D...	1 KB
release	2017/12/26 20:42	文件	1 KB
src.zip	2017/7/21 22:21	好压 ZIP 压缩文件	20,757 KB
THIRDPARTYLICENSEREADME.txt	2017/12/26 20:42	文本文档	142 KB
THIRDPARTYLICENSEREADME-JAVAF...	2017/12/26 20:42	文本文档	63 KB

图 9.6　要复制的文件夹

此电脑 › 文档 (E:) › Java › jdk1.8.0_144 ›

名称	修改日期	类型	大小
bin	2018/3/4 16:39	文件夹	
db	2018/3/4 16:39	文件夹	
include	2018/3/4 16:39	文件夹	
jre	2018/3/4 16:39	文件夹	
lib	2018/3/4 16:39	文件夹	
COPYRIGHT	2017/7/21 22:21	文件	4 KB
javafx-src.zip	2017/12/26 20:42	好压 ZIP 压缩文件	4,979 KB
LICENSE	2017/12/26 20:42	文件	1 KB
README.html	2017/12/26 20:42	Chrome HTML D...	1 KB
release	2017/12/26 20:42	文件	1 KB
src.zip	2017/7/21 22:21	好压 ZIP 压缩文件	20,757 KB
THIRDPARTYLICENSEREADME.txt	2017/12/26 20:42	文本文档	142 KB
THIRDPARTYLICENSEREADME-JAVAF...	2017/12/26 20:42	文本文档	63 KB

图 9.7　拷贝后的目录结构

三、程序模板

按模板要求，将【代码 1】~【代码 5】替换为相应的 Java 程序代码。

```
import java.io.*;
public class FileCopy{
    public static void main（String []args）{
    //【代码 1】判断输入参数的个数是否正确，如果不正确，则输出提示信息，
    //退出程序
    ________________________________________
    ________________________________________
    //【代码 2】判断第一个参数的文件夹是否存在，如果不存在，则输出提示信
    //息，退出程序
    ________________________________________
    ________________________________________
    //【代码 3】判断目标文件夹是否存在，如果不存在，则输出提示信息，退出程序
    ________________________________________
    ________________________________________
    //【代码 4】调用复制文件的方法进行复制
    ________________________________________
    ________________________________________
    }
    //【代码 5】复制文件夹的方法：方法名称为 doCopyFile，方法类型、参数根
    //据需要自定义
    ________________________________________
    ________________________________________
}
```

实验八　文件的随机访问

一、实验目的

学习 RandomAccessFile 类的应用。

二、实验要求

现有如下的一个需求：向已存在 1 G 数据的 txt 文本末尾追加一行文字，内容为

“Lucene 是一款非常优秀的全文检索库”。可能大多数朋友会觉得这个需求很简单，说实话，确实很简单，然后小李同学开始实现了。他直接使用 Java 中的流读取了 txt 文本里原来所有的数据，转成字符串后拼接了“Lucene 是一款非常优秀的全文检索库”，然后又写回文本里。至此，大功告成。后来需求改了，要求向 D 盘根目录下的 data.txt 文件(文件大小是 5 G)里追加了，结果小李同学不知所措，因为它的电脑内存只有 4 G，如果强制读取所有的数据并追加，会报内存溢出的异常。请使用 RandomAccessFile 类帮小李完成以上任务。

三、实验模板

按模板要求，将【代码 1】~【代码 3】替换为相应的 Java 程序代码。

```
//RandWriteFile.java
import java.io.*;
public class RandWriteFile{
   public static void main（String []args）{
      try{
      String path = "d：/data.txt";
      //【代码 1】初始化对象 raf
      RandomAccessFile raf=________________________________
      //【代码 2】移动文件指针位置
      ______________________________________
      ______________________________________
      //【代码 3】将“Lucene 是一款非常优秀的全文检索库”内容追加到文件末尾
      ______________________________________
      ______________________________________
}catch（Exception e）{
      e.printStackTrace（）;
      }
   }
}
```

四、实验指导

RandomAccessFile 是 Java 中输入/输出流体系中功能最丰富的文件内容访问类，它提供很多方法来操作文件，包括读/写支持。与普通的 IO 流相比，它最特别之处就是支持任意访问的方式，程序可以直接跳到任意地方来读/写数据。如果我们只希望访问文件的部分内容，而不是把文件从头读到尾，使用 RandomAccessFile 将会带来更简洁的代码以及更好的性能。RandomAccessFile 类中比较重要的 2 个方法如表 9.14 所示。

表 9.14　RandomAccessFile 类中比较重要的 2 个方法

方法	说明
public long getFilePointer（）	返回此文件中的当前偏移量
public void seek（long pos）	设置到此文件开头测量到的文件指针偏移量，在该位置发生下一个读取或写入操作

现在回到本文开始时提出的那个需求，用 RandomAccessFile 类就可以轻而易举地完成了。另外需要注意的是，向指定位置插入数据，RandomAccessFile 需要新建一个缓冲区临时空间存数据，然后再写，因为一旦数据量上了级别，在任意位置插入数据是很耗内存的，这也正是 hadoop 的 HDFS 文件系统只支持 append 方式而没有提供修改操作的原因。

另外，我们可以用 RandomAccessFile 类来实现一个多线程断点下载的功能。用过下载工具的读者都知道，下载前都会建立两个临时文件：一个是与被下载文件大小相同的空文件；另一个是记录文件指针的位置文件。每次暂停的时候，都会保存上一次的指针，然后断点下载的时候，会继续从上一次的地方下载，从而实现断点下载或上传的功能。有兴趣的读者可以自己实现。

实验记录

问题记录-解决方法：　　　　　　　　　　　　　　日　期：

实验总结：

第十章　Java 图形界面

图形用户界面（Graphics User Interface，GUI）用图形的方式，借助菜单、按钮等标准界面元素和鼠标操作，帮助用户方便地向计算机系统发出指令、启动操作，并将系统运行的结果同样以图形方式显示给用户。简单地说，图形用户界面就是用户与计算机之间交互的图形化操作界面，因此，GUI 又称为图形用户接口，即通过 GUI 允许用户与 Java 应用程序或小程序交互操作。

Java 语言的 GUI 程序设计是 Java 程序设计的基础，十分重要。JDK 每推出一个新的版本，都会新增许多 GUI 程序设计方面的功能，所以 Java 语言的 GUI 程序设计技术发展很快，并向着兼容性、连贯性和高度灵活性、平台独立性的方向发展。

本章将指导读者学习窗口、布局管理器以及一些组件的使用。

实验一　创建窗口

一、实验目的

（1）学习 Swing 窗口的创建。

（2）学习设置窗口的常用属性。

二、实验要求

编写一个 Java 程序，在程序中生成一个有最大化、最小化和关闭按钮的窗口，设置窗口标题、大小、位置。

三、程序模板

按模板要求，将【代码 1】~【代码 7】替换为相应的 Java 程序代码，使之能输出如图 10.1 所示的结果。

图 10.1　我的第一个窗口

```
//FirstWindow.java
import java.awt.Color;
import javax.swing.JFrame;
import javax.swing.WindowConstants;
public class FirstWindow extends JFrame{
    public FirstWindow（）{
        //【代码 1】设置窗口标题为“我的第一个窗口”
        ____________________________________________
        //【代码 2】设置窗口的宽度为 400、高度为 240
        ____________________________________________
        //【代码 3】设置窗口的背景颜色为红色
        ____________________________________________
        //【代码 4】设置窗口居中显示
        ____________________________________________
        //【代码 5】设置窗口不能调整大小
        ____________________________________________
        //【代码 6】设置单击窗口的“关闭”按钮，关闭窗口
        ____________________________________________
        //【代码 7】显示窗口
        ____________________________________________
    }
    public static void main（String[] args）{
```

```
        new FirstWindow ( );
    }
}
```

四、实验指导

Java 的 GUI 程序的基本思路是以 JFrame 为基础，它是屏幕上 window 的对象，能够最大化、最小化、关闭。Swing 的三个基本构造块是标签、按钮和文本字段，但是需要一个地方安放它们，并希望用户知道如何处理它们。JFrame 类就是解决这个问题的，它是一个容器，允许程序员把其他组件添加到它里面，把它们组织起来，并把它们呈现给用户。 JFrame 实际上不仅仅让程序员把组件放入其中并呈现给用户，比起它表面上的简单性，它实际上是 Swing 包中最复杂的组件。

新建一个窗口有两种方式：一是继承 JFrame 类，在构造函数或者方法中设置窗口的一些属性；二是新建 JFrame 对象，通过对象设置窗口的属性。

实验二　Swing 控件

一、实验目的

（1）学习使用常用控件。

（2）学习向容器中添加控件。

（3）学习流式布局管理器的使用。

二、实验要求

在本章实验一的基础上，在窗口中相应的组件完成如图 10.2 所示的登录窗口。

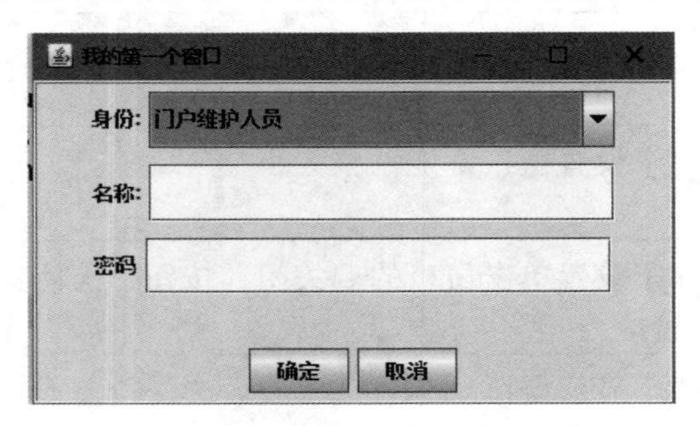

图 10.2　登录窗口

三、程序模板

按模板要求，将【代码 1】~【代码 13】替换为相应的 Java 程序代码。

```
//ComAdd.java
import java.awt.*;
import javax.swing.*;
public class FirstWindow extends JFrame{
    public FirstWindow ( )  {
    this.setTitle ( "我的第一个窗口" );
    this.setSize ( 400,  240 );
    this.getContentPane ( ) .setBackground ( Color.RED );
    this.setLocationRelativeTo ( null );
    this.setDefaultCloseOperation ( WindowConstants.EXIT_ON_CLOSE );
    initComponent ( );
    this.setVisible ( true );
    }

    public void initComponent ( ) {
        //【代码 1】新建名称为 panel 的 JPanel
        ________________________________________
        //【代码 2】panel 设置边界为 EtchedBorder.RAISED
        ________________________________________
        //【代码 3】将 panel 添加到当前 JFrame 对象
        ________________________________________
        //【代码 4】panel 设置为边界布局
        ________________________________________
        //【代码 5】新建 JLabel，标识为“身份”
        JLabel jlCard =___________________________
        JComboBox comboBox=new JComboBox ( );
        //【代码 6】初始化 comboBox 项目有门户维护人员、教师教辅人员、管
        //理人员、学生
        ____________________________________________
        ____________________________________________
        //【代码 7】设置 comboBox 的宽度为 80、高度为 35
        ____________________________________________
        JPanel cbPanel = new JPanel ( );
        //【代码 8】将 jlCard 和 comboBox 添加到 cbPanel 上
        ____________________________________________
        JPanel npanel = new JPanel ( );
```

```
        //【代码 9】设置 npanel 为边界布局
        ____________________________________
        //【代码 10】将 cbPanel 添加到 npanel 的 NORTH 位置
        ____________________________________
        JLabel jlName = new JLabel ( "名称: ", JLabel.RIGHT );
        JTextField tfName = new JTextField ( );
        tfName.setPreferredSize ( new Dimension ( 280, 35 ));
        JPanel jpName = new JPanel ( );
        npanel.add ( jpName, BorderLayout.CENTER );
        jpName.add ( jlName );
        jpName.add ( tfName );

        JPanel jpPwd = new JPanel ( );
        JLabel jlPwd = new JLabel ( "密码", JLabel.RIGHT );
        //【代码 11】新建一个变量名为 pf 的 JPasswordField 对象
        ____________________________________
        pf.setPreferredSize ( new Dimension ( 280, 35 ));
        jpPwd.add ( jlPwd );
        jpPwd.add ( pf );
        //【代码 12】新建一个确定按钮
        ____________________________________
        //【代码 13】新建一个取消按钮
        ____________________________________
        JPanel btnPanel = new JPanel ( );
        btnPanel.add ( btnOk );
        btnPanel.add ( btnCancel );
        panel.add ( npanel, BorderLayout.NORTH );
        panel.add ( jpPwd, BorderLayout.CENTER );
        panel.add ( btnPanel, BorderLayout.SOUTH );
    }
    public static void main ( String[] args )  {
            new FirstWindow ( );
    }

}
```

四、实验指导

Swing是一个用于开发Java应用程序用户界面的开发工具包,是由纯Java实现的。Swing以抽象窗口工具包（AWT）为基础，使跨平台应用程序可以使用任何可插拔的外观风格，不依赖操作系统的支持，这是它与AWT组件的最大区别。开发人员只需要用很少的代码,就可以利用Swing丰富、灵活的功能和模块化组件来创建优雅的用户界面。

Swing的层次结构如图10.3所示。

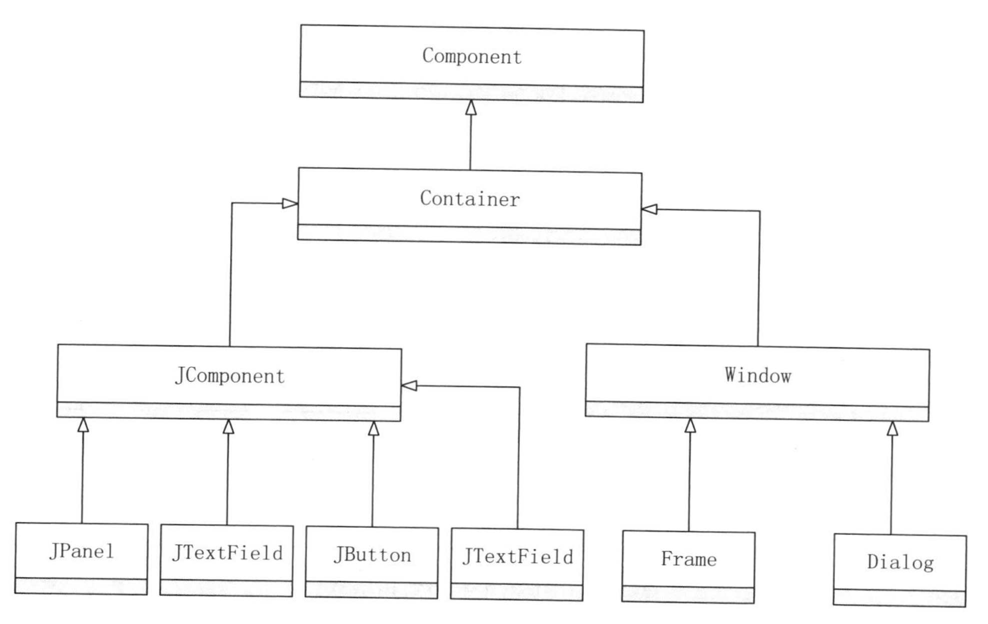

图 10.3 Swing的层次结构

Swing容器分为三个：顶层容器、通用容器和专用容器。顶层容器可以独立存在，包括JFrame、JDialog、JApplet、JWindow（JDialog不可以独立存在）。JFrame是大多数应用程序的基本窗口，有边框、标题和按钮，允许程序员把其他组件添加到它里面，把它们组织起来，并把它们呈现给用户。中间容器不能独立存在，必须放在顶层容器内且能够容纳其他控件，包括JPanel、JScrollPane、JToolBar、JSplitPane、JTabbedPane。中间容器的用法都是新建出对应的面板对象,可以向其中添加组件,之后放到JFrame中即可。

JPanel：最普通的面板，没有特殊功能，主要用来容纳其他控件。

JScrollPane：滚动面板，即带有长宽滚动条，主要用来容纳大型控件。

JToolBar：工具栏面板，包含图标按钮。可以在程序的主窗口之外浮动或是托拽。

JSplitPane：分割式面板。

JTabbedPane：选项卡面板。

继承自JComponent的组件都是Swing的基本组件，它们有一些通用的方法，如设置边框、背景颜色等。组件大致分为按钮、文本组件、不可编辑显示组件、菜单、其他组件。

按钮：JButton（常规按钮）、JCheckBox（复选框）、JRadioButton（单选按钮）。

文本组件：JTextField（文本字段）、JPasswoordField（密码框）、JTextArea（纯文本）。

不可编辑显示组件：JLabel（显示不可编辑文本）、JToolTip（显示不可编辑文本）、JProgreesBar（进度条）。

菜单：JMenu（普通菜单）、JPopupMenu（弹出式菜单）。

其他组件：JFileChooser（文件选择器）、JColorChooser（颜色选择器）、JTable（表格）、JTree（树）、JComboBox（下拉框），等等。

标签使用在窗口中显示文字的控件，它可用 javax.swing 类库里的 JLabel 类创建。表 10.1 是 JLabel 类的构造函数，表 10.2 是 JLabel 类的常用方法。

表 10.1　JLabel 类的构造函数

构造函数	说明
public JLabel（）	创建无图像并且其标题为空字符串的 JLabel
public JLabel（Icon image）	创建具有指定图像的 JLabel 实例
public JLabel（Icon image，int horizontalAlignment）	创建具有指定图像和水平对齐方式的 JLabel 实例
public JLabel（String text）	创建具有指定文本的 JLabel 实例
public JLabel（String text，Icon icon，int horizontalAlignment）	创建具有指定文本、图像和水平对齐方式的 JLabel 实例

表 10.2　JLabel 类的常用方法

方法	说明
public String getText（）	返回标签上显示的文字
public void setText（String text）	设置标签文字为 text
public void setIcon（Icon icon）	设置标签上显示的图标为 icon

文本框是一个能够接收用户键盘输入的文本编辑的一块小区域。Java 用 JTextField 类来创建文本框。表 10.3 是 JTextField 类的构造函数，表 10.4 是 JTextField 类的常用方法。

表 10.3　JTextField 类的构造函数

构造函数	说明
public JTextField（）	创建文本框
public JTextField（int columns）	构造一个具有指定列数的新的空 TextField
public JTextField（String text）	构造一个用指定文本初始化的新 TextField
JTextField（String text，int columns）	构造一个用指定文本和列初始化的新 TextField

表 10.4　JTextField 类的常用方法

方法	说明
public int getColumns（ ）	返回文本域的列数
public void setColumns（int columns）	设置文本框宽度为 columns 个字符
public String getText（ ）	返回文本框内容
public void setText（String text）	设置文本框中的文本为 text

密码框是用户登录时，常用的密码文本框。该组件是一个轻量级组件，允许编辑单行文本，其输入的内容并不显示文本框原始文本信息。其构造函数和 JTextField 相同。JPasswordField 类的常用方法如表 10.5 所示。

表 10.5　JPasswordField 类的常用方法

方法	说明
public char[] getPassword（ ）	返回此 TextComponent 中所包含的文本
public void setEchoChar（char c）	设置此 JPasswordField 的回显字符

布局是组件的摆放位置，可以跨平台，常用的布局管理器有 FlowLayout、BorderLayout、BoxLayout、CardLayout、GridLayout 和 GridBagLayout。JPanel 缺省是初始化一个 FlowLayout，而 content panel 缺省是初始化一个 BorderLayout。

FlowLayout 类是最简单的布局管理器，它按照从左到右的顺序安排组件，直至没有多余的空间，然后转到下一行。

BorderLayout 对象将界面分成五大区域，分别用 BorderLayout 类的静态常量指定：PAGE_START（上）、PAGE_END（下）、LINE_START（中左）、LINE_END（中右）、CENTER（中间）。

BoxLayout 可以将组件由上至下或由左至右依次加入当前面板。

CardLayout 卡片布局和其他布局不同，因为它隐藏了一些组件。卡片布局就是一组容器或者组件，它们一次仅仅显示一个，组中的每个容器称为卡片。

GridLayout 表格，当组件加入时，会依序由左至右、由上至下填充到每个格子。

GridBagLayout 功能最为强大，可以管理大小不同的行和列，可以任意摆放组件。

JPanel 默认使用的布局方式是流式布局。流式布局是一个最基本的布局，它是一种流式页面设计。流式布局管理器 FlowLayout 的布局策略是：

（1）组件按照加入容器的先后顺序从左向右排列。

（2）一行排满之后就自动地转到下一行继续从左到右排列。

（3）每一行中的组件都居中排列。

当容器中组件不多时，使用这种布局策略非常方便，但是当容器内的组件增加时，就显得高低参差不齐。表 10.6 给出了 FlowLayout 类的构造函数，表 10.7 给出了 FlowLayout 类中表示对齐方式的主要数据成员。

表 10.6　FlowLayout 类的构造函数

构造函数	说明
public FlowLayout（ ）	创建 FlowLayout 布局管理器，容器中的对象居中对齐，对象的垂直和水平间距均默认为 5 个单位
public FlowLayout（int align）	创建同上功能的布局管理器，使用指定对齐方式 align
public FlowLayout（int align，int hgap，int vgpa）	创建同上具有对齐功能的布局管理器，但对象的水平间距为 hgap，垂直间距为 vgap

表 10.7　FlowLayout 类中表示对齐方式的主要数据成员

数据成员	功能说明	代表数值
FlowLayout.LEFT	每行的组件靠左对齐	0
FlowLayout.CENTER	每行的组件居中对齐	1
FlowLayout.RIGHT	每行的组件靠右对齐	2

边界布局管理器 BorderLayout 将显示区域按地理方位分为东（East）、西（West）、南（South）、北（North）、中（Center）5 个区域，将组件加入容器时，都应该指出把这个组件加入在哪个区域，若没有指定区域，则默认为中间。当将组件加入到已被占用的位置时，将会取代原先的组件。BorderLayout 是容器 JFrame 和对话框组件 JDialog 默认使用的布局管理器。

分布在北部和南部区域的组件将横向扩展至占据整个容器的长度，分布在东部和西部区域的组件将伸展至占据容器剩余部分的全部高度，最后剩余的部分将分配给位于中央区域的组件。如果某个区域没有分配组件，则其他组件可以占据它的空间。例如，若北部区域没有分配组件，则西部和东部区域的组件将向上扩展到容器的最北方；如果西部和东部区域没有分配组件，则位于中央区域的组件将横向扩展到容器的左右边界。表 10.8 给出了 BorderLayout 类的构造函数。

表 10.8　BorderLayout 类的构造函数

构造函数	说明
public BorderLayout（ ）	创建 BorderLayout 布局管理器，容器中各对象之间没有间隔
public BorderLayout（int hgap，int vgap）	创建 BorderLayout 布局管理器，容器中各组件之间的水平间隔为 hgap，垂直间隔为 vgap

使用边界布局管理器 BorderLayout 时，利用 add（ ）方法向容器中添加组件时必须指出组件摆放位置。表 10.9 给出了 BorderLayout 类中代表摆放位置的数据成员。

表 10.9　BorderLayout 类中代表组件摆放位置的数据成员

数据成员	功能说明	代表字符串
BorderLayout.EAST	将组件放置在容器的右方	“East”
BorderLayout.WEST	将组件放置在容器的左方	“West”

续表

数据成员	功能说明	代表字符串
BorderLayout.SOUTH	将组件放置在容器的下方	“South”
BorderLayout.NORTH	将组件放置在容器的上方	“North”
BorderLayout.CENTER	将组件放置在容器的中央	“Center”

实验三　网格布局管理器

一、实验目的

学习网格布局管理器的布局策略。

二、实验要求

编写一个 Java 程序，在程序中生成一个框架窗口，设置窗口的布局管理器为网格布局管理器，实现如图 10.4 所示的界面。

三、程序模板

按模板要求，将【代码 1】~【代码 6】替换为相应的 Java 程序代码，使之能输出如图 10.4 所示的结果。

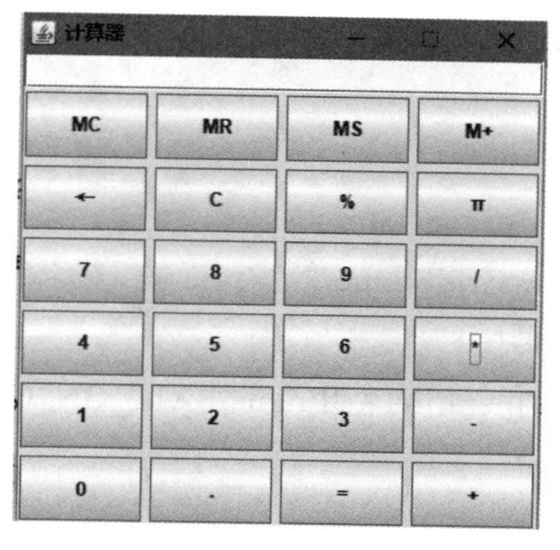

图 10.4　网格布局

```
//GridFrmae.java
import java.awt.*;
import javax.swing.*;
public class GridFrame extends JFrame {
        // 定义字符串数组，为按钮的显示文本赋值
  String str[] = { "MC", "MR", "MS", "M+", "←", "C", "%", "π", "7", "8", "9",
```

```
        "/", "4", "5", "6", "*", "1", "2", "3", "-", "0", ".", "=", "+"};
public GridFrame() {
  // 定义面板并设置为网格布局，4行4列，组件水平、垂直间距均为7
  JPanel pan = new JPanel();
  //【代码1】设置面板的布局方式为网格布局，网格布局设置为6行4列，水
  //平和垂直间距为5
  ______________________________
  //【代码2】面板的背景颜色设置为黄色
  ______________________________
  //【代码3】循环定义按钮并添加到面板中
  ______________________________
  ______________________________
  //【代码4】定义文本框
  ______________________________
  //【代码5】将文本框放置在窗体NORTH位置
  ______________________________
  //【代码6】将面板放置在窗体CENTER位置
  ______________________________
  setSize(320, 320); // 定义大小
  setLocationRelativeTo(null); // 让窗口居中显示
  setResizable(false); // 不能改变窗体大小
}

public static void main(String[] args) {
    GridFrame cal = new GridFrame();
    cal.setTitle("计算器");
    cal.setDefaultCloseOperation(JFrame.EXIT_ON_CLOSE);
    cal.setVisible(true);
    }
}
```

四、实验指导

网格布局管理器 GridLayout 提供的页面布局规则是将容器的空间划分成若干行与列的网格形式，在容器上添加组件时，它们会按从左到右、从上到下的顺序在网格中排列。设置网格布局行数和列数时，行数或者列数可以有一个为零。若 rows 为 0、cols 为 3，则列数固定为 3，行数不限，每行只能放 3 个控件或容器。若 cols 为 0、rows 为

3，则行数固定为 3，列数不限，且每行必定有控件。若组件个数不能整除行数，则除去最后一行外的所有行组件个数为 Math.ceil（组件个数/rows）。Math.ceil（double x）传回不小于 x 的最小整数值。比如行数为 3，组件数为 13 个，则 Math.ceil（13/3）=5，即第一行、第二行组件数各为 5 个，剩下的组件放在最后一行。若组件数超过网格设定的个数，则布局管理器会自动增加网格个数，原则是保持行数不变。表 10.10 给出了 GridLayout 类的构造函数。

表 10.10　GridLayout 类的构造函数

构造函数	说明
public GridLayout（）	创建具有默认值的网格布局，即每个组件占据一行一列
public GridLayout（int rows，int cols）	创建具有指定行数和列数的网格布局，rows 为行数，cols 为列数
public GridLayout（int rows，int cols，int hgap，int vgap）	创建具有指定行数、列数以及组件水平、纵向一定间距的网格布局

实验记录

问题记录-解决方法：　　　　　　　　　　　　　　　日 期：

实验总结：

第十一章　事件处理

事件处理技术是用户界面程序设计中一个十分重要的技术。事件是用户在界面上的一个操作（通常使用各种输入设备，如鼠标、键盘等来完成）。当一个事件发生时，该事件用一个事件对象来表示。事件对象有对应的事件类。不同的事件类描述不同类型的用户动作。消息处理、事件驱动是面向对象编程技术的主要特点。因为应用程序一旦构建完 GUI，它就不再工作，而是等待用户通过鼠标、键盘给它通知，它再根据这个通知的内容进行相应的处理（事件驱动）。

在 Java 中对事件的处理采用的是委托事件处理模型机制。委托事件模型是将事件源和对事件做出的具体处理分离开来。一般情况下，组件不处理组件的事件，而是将事件处理委托给外部实体，这种事件处理模型就是事件的委托处理模型。不同的组件都会有相应的事件、事件监听及处理方法。

本章将指导读者学习窗口事件、鼠标事件、文本框事件等。

实验一　操作事件

一、实验目的

（1）学习 Java 事件委托处理机制。

（2）学习操作事件 ActionEvent。

二、实验要求

编写 Java 应用程序，要求实现如图 11.1 所示界面，并实现下功能：

（1）在文本框中输入文字后回车，在文本域中显示输入的文字。

（2）当分别选择粗体和斜体复选框时，文本域中的文字分别显示粗体和斜体样式。

（3）当点击颜色按钮时，出现颜色选择对话框，选择需要的颜色，按确定按钮后，按钮的前景色和文本域的前景色设置为选定的颜色。

（4）当选择字体样式下拉框中的某一字体样式时，文本域中的文字设置为指定的字体样式。

（5）当选择字体大小下拉框中的某一字体大小时，文本域中的文字设置为指定的字体大小。

三、程序模板

按模板要求，将【代码 1】~【代码 6】替换为相应的 Java 程序代码，使之能输出如图 11.1 所示的结果。

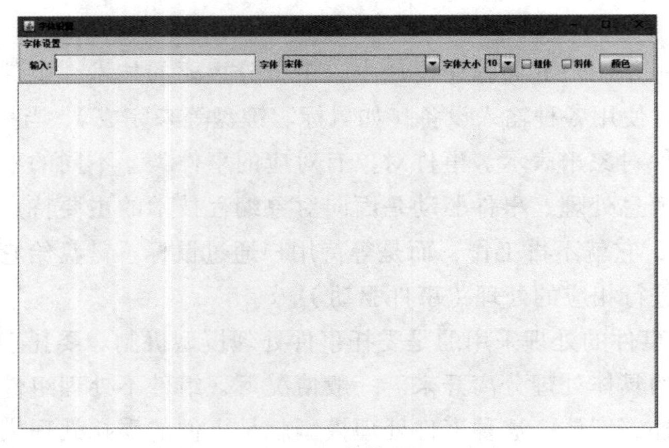

图 11.1　字体设置

```
//ArtFont.java
import java.awt.*;
import java.awt.event.*;
import javax.swing.*;

public class ArtFont extends JFrame{
    private JLabel jlText = new JLabel（"输入： ", JLabel.RIGHT）;
    private JTextField tfText = new JTextField（ ）;
    private JCheckBox cbBold = new JCheckBox（"粗体"）;
    private JCheckBox cbItalic = new JCheckBox（"斜体"）;
    private JButton btnColor = new JButton（"颜色"）;
    private JLabel jlFont = new JLabel（"字体", JLabel.RIGHT）;
    private JComboBox cbFont = new JComboBox（ ）;
    private JLabel jlSize = new JLabel（"字体大小", JLabel.RIGHT）;
    private JComboBox cbSize = new JComboBox（ ）;
    private JTextArea taText = new JTextArea（ ）;
    public ArtFont（ ）  {
        this.setTitle（"字体设置"）;
        this.setSize（900, 600）;
```

```
        this.setLocationRelativeTo（null）;
        this.init（）;
        this.setVisible（true）;
    }

    private void init（）  {
        this.initNorthPanel（）; //初始化字体、字体大小、粗体、斜体、颜色按钮
        this.initCenterPanel（）; //初始化文本区
        this.initComponentEvent（）; //给各控件添加事件监听器
    }

    private void initNorthPanel（）  {
      JPanel northPanel = new JPanel（）;
      northPanel.setBorder（BorderFactory.createTitledBorder（"字体设置"））;
      GraphicsEnvironmentenvironment =
              GraphicsEnvironment.getLocalGraphicsEnvironment（）;
      String []fontNames =   environment.getAvailableFontFamilyNames（）;
      for（String fontName: fontNames）  {
              this.cbFont.addItem（fontName）;
      }
      this.cbFont.setSelectedItem（"宋体"）;
      for（int i=10; i<=72; i++）  {
              cbSize.addItem（i）;
      }
      northPanel.add（jlText）;
      tfText.setPreferredSize（new Dimension（280, 30））;
      northPanel.add（tfText）;
      northPanel.add（this.jlFont）;
      northPanel.add（this.cbFont）;
      northPanel.add（jlSize）;
      northPanel.add（this.cbSize）;
      northPanel.add（this.cbBold）;
      northPanel.add（cbItalic）;
      northPanel.add（btnColor）;
      this.getContentPane（）.add（northPanel, BorderLayout.NORTH）;
    }
```

```
private void initCenterPanel ( )  {
    JScrollPane scrollPane = new JScrollPane ( );
    scrollPane.getViewport ( ) .add ( this.taText );
    this.taText.setEditable ( false );
    this.getContentPane ( ) .add ( scrollPane,  BorderLayout.CENTER );
}

private void initComponentEvent ( ) {
 //【代码 1】给 tfText 添加回车事件，单击回车键后，tfText 输入的文本显示
 //在 taText 中
 ____________________________________________________________
 ____________________________________________________________
//【代码 2】给 cbFont 添加事件，当选择字体后，多行文本框中的字设置为相
//应的字体
 ____________________________________________________________
 ____________________________________________________________
//【代码 3】给 cbBold 添加事件，当选中后，多行文本框中的字设置为粗体，
//否则取消粗体
 ____________________________________________________________
 ____________________________________________________________
//【代码 4】给 cbItalic 添加事件，当选中后，多行文本框中的字体设置为斜
//体，否则取消斜体
 ____________________________________________________________
 ____________________________________________________________
//【代码 5】给 cbSize 添加事件，当选中数字后，多行文本框中的字体大小为
//相应的数字
 ____________________________________________________________
 ____________________________________________________________
//【代码 6】给 btnColor 添加单击事件，当单击后打开字体选中对话框，选中
//颜色后，多行文本框中的字体设置为相应的颜色
 ____________________________________________________________
 ____________________________________________________________
}
    public Font getFont ( ) {
    int style = Font.PLAIN;
    if ( cbBold.isSelected ( ))  {
```

```
            style = style|Font.BOLD;
        }
        if (cbItalic.isSelected()) {
            style = style|Font.ITALIC;
        }
        String fontName = (String) cbFont.getSelectedItem();
        int fontSize = (int) cbSize.getSelectedItem();
        Font font = new Font(fontName, style, fontSize);
        return font;
    }
    public static void main(String[] args) {
        new ArtFont();
    }
}
```

四、实验指导

1. Java 事件处理简介

学习组件除了要了解组件的属性和功能外，一个更重要的方面是学习怎样处理组件上发生的界面事件。当用户在文本框中输入文本后按 Enter 键、单击按钮、在一个下拉列表框中选择一个条目时，都会发生界面事件。在学习处理事件时，必须很好地掌握事件源、监视器、处理事件的接口这三个概念。

• 事件源：能够产生事件的对象都可以成为事件源，如文本框、按钮、下拉式列表等。也就是说，事件源必须是一个对象，而且这个对象必须是 Java 认为能够发生事件的对象。

• 监视器：需要一个对象对事件源进行监视，以便对发生的事件作出处理。事件源通过调用相应的方法将某个对象作为自己的监视器。例如，对于文本框，这个方法是：

addActionListener（监视器）;

对于获取了监视器的文本框，当文本框获得输入焦点之后，如果用户按 Enter 键，Java 运行系统就自动用 ActionEvent 类创建一个对象，即发生了 ActionEvent 事件。也就是说，事件源获得监视器后，相应的操作就会导致事件的发生并通知监视器，监视器就会做出相应的处理。

• 处理事件的接口：监视器负责处理事件源发生的事件。监视器是一个对象，为了让监视器这个对象能对事件源发生的事件进行处理，创建该监视器对象的类必须声明实现相应的接口，即必须在类体中给出该接口中所有方法的方法体，那么当事件源发生事件时，监视器就自动调用类实现的某个接口中的方法。

2. 文本框上的 ActionEvent 事件

java.awt.event 包中提供了许多事件类和处理各种事件的接口。对于文本框，这个接口的名字是 ActionListener，这个接口中只有一个方法：

public void actionPerformed（ActionEvent e）

当在文本框中输入字符并按 Enter 键时，java.awt.event 包中的 ActionEvent 类自动创建一个事件对象，并将它传递给 actionPerformed（ActionEvent e）方法中的参数 e，监视器自动调用这个方法对发生的事件做出处理。

所以，称文本框这个事件源可以发生 ActionEvent 类型事件。为了能监视到这种类型的事件，事件源必须使用 addActionListener 方法获得监视器；创建监视器的类必须实现接口 ActionListener。只要学会了处理文本框这个组件上的事件，其他事件源上的事件的处理也就能很容易学会，所不同的是事件源能发生的事件类型不同，所使用的接口不同而已。

ActionEvent 类有如下常用的方法：

• public Object getSource（）

ActionEvent 对象调用该方法，可以获取发生 ActionEvent 事件的事件源对象的引用。即 getSource（）方法将事件源上转型为 Object 对象，并返回这个上转型对象的引用。

• public String getActionCommand（）

ActionEvent 对象调用该方法，可以获取发生 ActionEvent 事件时和该事件相关的一个命令字符串。对于文本框，当发生 ActionEvent 事件时，文本框中的文本字符串就是和该事件相关的一个命令字符串。

3. 选择框和下拉列表上的 ItemEvent 事件

选择框从未选中状态变成选中状态或从选中状态变成未选中状态时，或下拉列表选项列表中选中某个选项时，就发生了 ItemEvent 事件，即 ItemEvent 类自动创建了一个事件对象。

发生 ItemEvent 事件的事件源获得监视器的方法是 addItemListener（监视器）。处理 ItemEvent 事件的接口是 ItemListener，创建监视器的类必须实现 ItemListener 接口，该接口中只有一个方法。当选择框发生 ItemEvent 事件时，监视器将自动调用接口方法对发生的事件进行处理：

itemStateChanged（ItemEvent e）

4. 鼠标事件

任何组件上都可以发生鼠标事件，如鼠标进入组件、退出组件、在组件上方单击鼠标、拖动鼠标等都触发组件发生鼠标事件，也就是说，组件可以成为发生鼠标事件的事件源。

使用 MouseListener 接口可以处理 5 种操作触发的鼠标事件：

（1）在事件源上按下鼠标键。

（2）在事件源上释放鼠标键。

（3）在事件源上击鼠标键。

（4）鼠标进入事件源。

（5）鼠标退出事件源。

鼠标事件的类型是 MouseEvent，即当发生鼠标事件时，MouseEvent 类自动创建一个事件对象。

MouseListener 接口中有如下方法：

（1）mousePressed（MouseEvent）：负责处理在组件上按下鼠标触发的鼠标事件。当在组件上按下鼠标时，监视器将自动调用接口中的这个方法对事件做出处理。

（2）mouseReleased（MouseEvent）：负责处理在组件上释放鼠标触发的鼠标事件。当在组件上释放鼠标时，监视器将自动调用接口中的这个方法对事件做出处理。

（3）mouseEntered（MouseEvent）：负责处理鼠标进入组件触发的鼠标事件。当鼠标进入组件上方时，监视器将自动调用接口中的这个方法对事件做出处理。

（4）mouseExited（MouseEvent）：负责处理鼠标离开组件触发的鼠标事件。当鼠标离开组件时，监视器自动调用接口中的这个方法对事件做出处理。

（5）mouseClicked（MouseEvent）：负责处理在组件上单击或连击鼠标触发的鼠标事件。当单击或连击鼠标时，监视器自动调用接口中的这个方法对事件做出处理。

使用 MouseMotionListener 接口可以处理以下两种操作触发的鼠标事件：

（1）在事件源上拖动鼠标。

（2）在事件源上移动鼠标。

MouseMotionListener 接口中有如下方法：

（1）mouseDragged（MouseEvent）：负责处理在组件上拖动鼠标触发的鼠标事件。当在组件上拖动鼠标时，监视器调用接口中的这个方法对事件做出处理。

（2）mouseMoved（MouseEvent）：负责处理在组件上移动鼠标触发的鼠标事件。当在组件上移动鼠标时，监视器调用接口中的这个方法对事件做出处理。

5. 焦点事件

组件可以触发焦点事件。组件可以使用以下语句增加焦点事件监视器：

public void addFocusListener（FocusListener listener）

当组件获得焦点监视器后，组件从无输入焦点变成有输入焦点或从有输入焦点变成无输入焦点都会触发 FocusEvent 事件。创建监视器的类必须要实现 FocusListener 接口，该接口有两个方法：

```
public void focusGained（FocusEvent e）
public void focusLost（FocusEvent e）
```

当组件从无输入焦点变成有输入焦点触发 FocusEvent 事件时，监视器调用类实现的接口方法：focusGained（FocusEvent e）；当组件从有输入焦点变成无输入焦点触发 FocusEvent 事件时，监视器调用类实现的接口方法：focusLost（FocusEvent e）。

用户可以通过单击组件使得该组件有输入焦点，同时也使得其他组件变成无输入焦点。一个组件也可以调用 public boolean requestFocusInWindow（） 方法获得输入焦点。

6. 键盘事件

当按下、释放或敲击键盘上一个键时就发生了键盘事件。在 Java1.2 事件模式中，必须要有发生事件的事件源。当一个组件处于激活状态时，敲击键盘上一个键就导致这个组件上发生了键盘事件。

事件源使用 addKeyListener 方法获得监视器。使用 KeyListener 接口处理键盘事件。接口 KeyListener 中有 3 个方法：

```
public void keyPressed（KeyEvent e）
public void keyTyped（KeyEvent e）
public void KeyReleased（KeyEvent e）
```

当按下键盘上某个键时，监视器就会发现，然后 keyPressed 方法会自动执行，并且 KeyEvent 类自动创建一个对象传递给 keyPressed 方法中的参数 e。keyTyped 方法是 keyPressed 和 KeyReleased 方法的组合，当键被按下又释放时，keyTyped 方法被调用。

用 KeyEvent 类的 public int getKeyCode（）方法，可以判断哪个键被按下、敲击或释放，getKeyCode 方法返回一个键码值。也可以用 KeyEvent 类的 public char getKeyChar（）判断哪个键被按下、敲击或释放，getKeyChar 方法返回键上的字符。

键盘事件 KeyEvent 对象调用 getModifiers（）方法，可以返回整数值 ALT_MASK、CTRL_MASK、SHIFT_MASK，它们分别是 InputEvent 类的类常量。

程序可以通过 getModifiers( )方法返回的值处理组合键事件。例如，对于 KeyEvent 对象 e，当按下 CTRL+X 组合键时，下面的逻辑表达式为 true：

e. getModifiers（） == InputEvent.CTRL_MASK&&e.getKeyCode（） == keyEvent.VK_X

Java 事件处理就是基于这种授权模式，即发生相应事件的事件源对象，比如 sourceObject，通过调用相应的方法将某个对象作为自己的监视器：

sourceObject. addXXXListener（监视器）;

创建监视器对象的类必须声明实现相应的事件接口：

class A implements XXXListener

当事件源发生事件时，监视器将调用接口中相应的方法做出处理。Java 使用了接口回调技术设计它的处理事件模式，注意到 addXXXListener（XXXListener listener）方法中的参数是一个接口类型，listener 可以引用任何实现了 XXXListener 接口的类所创建的对象，当事件源发生事件时，接口 listener 立刻回调类实现的接口中的某个方法。

事件的委托处理机制如图 11.2 所示。

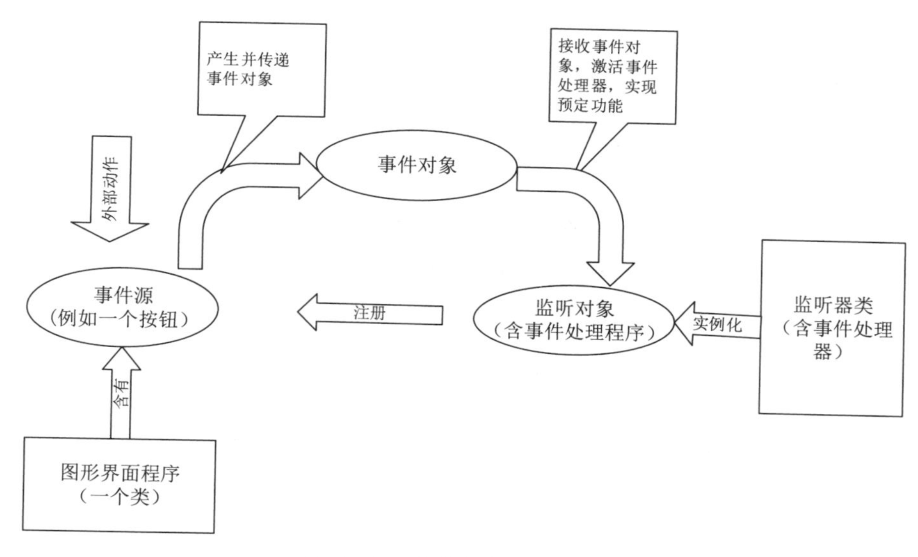

图 11.2 事件委托处理机制

7. 内部类实例做监视器

Java 支持在一个类中声明另一个类，这样的类称为内部类。包含内部类的类称为内部类的外嵌类。外嵌类的成员变量在内部类中仍然有效，内部类中的方法也可以调用外嵌类中的方法。匿名类是内部类的特殊情形，即省略类声明，可以直接用类体创建对象。因此，可以使用匿名内部类的对象做监视器。例如：

```
xxx.addActionListener（new ActionListener（） {
    @Override
    public void actionPerformed（ActionEvent e） {

    }
});
```

实验二 鼠标事件

一、实验目的

（1）学习鼠标事件类 MouseEvent 的常用方法。

（2）学习 MouseAdapter 类的使用。

（3）学习 MouseMotionListener 接口的使用。

二、实验要求

编写一个 Java 应用程序，在程序中建立一个窗口，使用标签显示鼠标信息。

三、程序模板

按模板要求，将【代码 1】~【代码 6】替换为相应的 Java 程序代码，使之能输出如图 11.3 所示的结果。

图 11.3　鼠标事件

```
//MouseEventTest.java
import javax.swing.border.*;
import javax.swing.*;
import java.awt.*;
import java.awt.event.*;
public class MouseEventTest extends JFrame {
  private JPanel contentPane;
    public static void main（String[] args） {
      EventQueue.invokeLater（new Runnable（） {
        public void run（） {
          try {
              MouseEventTest frame = new MouseEventTest（）;
              frame.setVisible（true）;
              } catch （Exception e） {
                e.printStackTrace（）;
              }
          }
        });
    }
```

```
  public MouseEventTest（）{
      setDefaultCloseOperation（JFrame.EXIT_ON_CLOSE）;
      setBounds（100，100，450，300）;
      contentPane = new JPanel（）;

      contentPane.setBorder（new EmptyBorder（5，5，5，5））;
      setContentPane（contentPane）;
      contentPane.setLayout（null）;
      JLabel label = new JLabel（"此处显示鼠标右键点击的坐标"）;
      label.setBounds（5，5，424，31）;
      abel.setOpaque（true）; //设置控件不透明
      label.setBackground（Color.GREEN）;
      contentPane.add（label）;
      contentPane.addMouseListener（new MouseAdapter（）{
          @Override
          public void mouseClicked（MouseEvent e）{
          //【代码 1】判断点击的是鼠标左键，并在标签 label 中显示点击的是左键
          //以及鼠标当前位置的坐标
          ________________________________________________
          ________________________________________________
          //【代码 2】判断点击的是鼠标滑轮，并在标签 label 中显示点击的是滑轮
          //以及鼠标当前位置的坐标
          ________________________________________________
          ________________________________________________
          //【代码 3】判断点击的是鼠标右键，并在标签 label 中显示点击的是鼠标
          //右键以及鼠标当前位置的坐标
          ________________________________________________
          ________________________________________________
          ________________________________________________
          }
      });
  }
}
```

四、实验指导

鼠标事件 MouseEvent 是一些常见的鼠标操作。如鼠标单击事件源、鼠标指针进入

或离开事件源，或移动、拖动鼠标等操作，均会触发鼠标事件。鼠标事件类 MouseEvent 的常用方法如表 11.1 所示。

表 11.1　鼠标事件类 MouseEvent 的常用方法

方法	说明
publicint getX（）	获取鼠标在事件源坐标系统中的 x 坐标
public int getY（）	获取鼠标在事件源坐标系统中的 y 坐标
public int getModifiers（）	获取鼠标的左键或右键。鼠标的左键和右键分别使用 InputEvent 类中的常量 BUTTON1_MASK 和 BUTTON3_MASK 来表示
public int getClickCount（）	获取鼠标被单击的次数
public Object getSource（）	获取发生鼠标事件的事件源

处理鼠标事件 MouseEvent 的监听者，可以是实现 MouseListener 接口或 MouseMotionListener 接口，也可以是继承 MouseAdapter 类或 MouseMotionAdapter 类。

若以 MouseListener 接口作为监听者，则必须实现如表 11.2 所示的 5 个用于处理不同鼠标事件的方法。

表 11.2　MouseListener 接口中声明的方法

方法	说明
publicvoidmousePressed（MouseEvent）	负责处理鼠标按下事件。即当在事件源按下鼠标时，监视器发现这个事件后将自动调用接口中的这个方法对事件做出处理
public voidmouseReleased（MouseEvent）	负责处理鼠标释放事件
PublicvoidmouseEntered（MouseEvent）	负责处理鼠标进入事件
public voidmouseExited（MouseEvent）	负责处理鼠标离开事件
public voidmouseClicked（MouseEvent）	负责处理鼠标单击事件

表 11.2 中的 5 个鼠标事件有些几乎是“同时”发生的。对于 mouseClicked、mousePressed 与 mouseReleased 这 3 个事件的触发顺序是：mousePressed 事件发生，然后是 mouseClicked 发生，最后是 mouseReleased 事件发生。

若以 MouseMotionListener 接口作为监听者，则必须实现表 11.3 所示的处理鼠标移动与拖动事件的方法。

表 11.3　MouseMotionListener 接口中声明的方法

方法	说明
publicvoidmouseMoved（MouseEvent）	负责处理鼠标移动事件
public voidmouseDragged（MouseEvent）	负责处理鼠标拖动事件

MouseListener 与 MouseMotionListener 接口主要用于鼠标事件多于一个的时候。用户若只想处理某几个鼠标事件，则可以使用 Java 提供的处理鼠标操作的适配器类 MouseAdapter 或 MouseMotionAdapter。用户可以用继承 MouseAdapter 类或 MouseMotionAdpater 类的方

式，只针对相关的事件编写程序代码。

可以使用鼠标事件的转移将一个事件源发生的鼠标事件转移到另一个事件源上，即当用户在某个事件源上单击鼠标时，可以通过鼠标事件的转移导致另一个事件源上发生鼠标事件。使用 javax.swing 包中的 SwingUtilities 类的静态方法，可以将 Source 组件上发生的鼠标事件转移到组件 destination：

MouseEvent convertMouseEvent（Component source，MouseEvent sourceEvent，Component destination）;

实验三　菜单事件

一、实验目的

（1）学习窗口菜单设计。

（2）学习弹出菜单设计。

（3）学习菜单事件处理。

二、实验要求

在编写图形界面时，人们往往希望直接在窗口中通过菜单或者单击鼠标右键，就可以显示要操作的功能。

编写一个 Java 程序，模拟 Windows 操作系统记事本软件的文件菜单以及单击右键的弹出式菜单，单击菜单时能够弹出相应的提示。

三、程序模板

按模板要求，将【代码 1】~【代码 6】替换为相应的 Java 程序代码。

```
//NotePad.java
import java.awt.event.*;
import javax.swing.*;
public class NotePad extends JFrame{
    publicNotePad（）{
        this.setTitle（"菜单事件"）;
        this.setSize（400，200）;
        this.setLocationRelativeTo（null）;
        this.initMenu（）;
        this.setDefaultCloseOperation（JFrame.EXIT_ON_CLOSE）;
        this.setVisible（true）;
```

```
        }
        private void initMenu ( )  {
            //【代码 1】新建菜单栏 menuBar
            ______________________________
            JMenu mFile = new JMenu ( "文件 ( F ) " );
            //【代码 2】新建菜单 mFile，名称是“文件 ( F )”
            ______________________________
            //【代码 3】新建 JMenuItem 变量 mNew，名称是“新建 ( N )”
            ______________________________
            ______________________________
            //【代码 4】设置 mNew 的快捷键为 Ctrl+N
            ______________________________
            ______________________________
            //【代码 5】将“新建 ( N )”菜单设置为“文件”菜单的子项目
            ______________________________
            mFile.add ( mNew );
            JMenuItem mOpen = new JMenuItem ( "打开 ( O ) " );
        mOpen.setAccelerator( KeyStroke.getKeyStroke( KeyEvent.VK_O, ActionEvent.
CTRL_MASK ));
            mFile.add ( mOpen );
            menuBar.add ( mFile );
            this.setJMenuBar ( menuBar );
            //【代码 6】给 mNew 菜单添加鼠标单击事件，单击菜单后弹出消息框，
            //消息框显示“你选择的是新建菜单”
            mOpen.addActionListener ( new ActionListener ( )  {
                @Override
                public void actionPerformed ( ActionEvent e )  {
                    JOptionPane.showMessageDialog ( MenuFrame.this, "你选择的是
打开菜单" );
                }
            } );
        }
        public static void main ( String[] args )  {
            newNotePad  ( );
        }
    }
```

程序执行结果如图 11.4 和图 11.5 所示。

图 11.4　菜单界面

图 11.5　菜单事件

四、实验指导

菜单是 Swing 客户端程序不可获取的一个组件。窗体菜单大致由菜单栏、菜单和菜单项三部分组成。

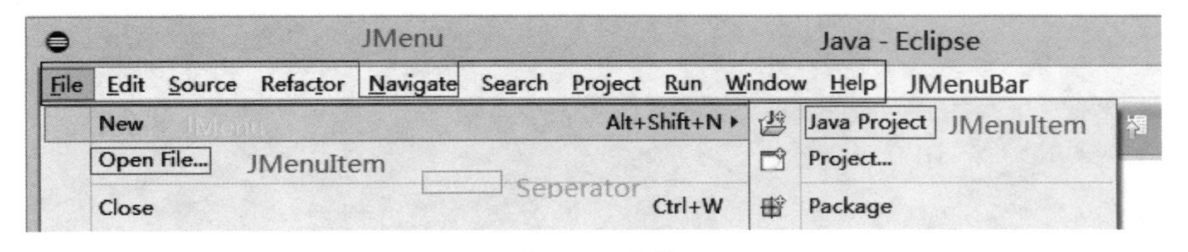

图 11.6　菜单

对于一个窗体，首先要添加一个 JMenuBar，然后在其中添加 JMenu，再在 JMenu 中添加 JMenuItem。JMenuItem 是最小单元，它不能再添加 Jmenu 或 JMenuItem。而 JMenu 是可以再添加 JMenu 的。比如图 11.6 中的 New 菜单。可以添加横线将内部成员分隔开，也就是图中的 Seperator。每一个 JMenu 都有一个字母带有下划线，该字母就是该菜单的快捷键，使用 setMnemonic 方法设置，菜单项也一样。设置后的效果是在能看到该项的界面中按下该键则触发该项。图中的“Ctrl + W”是该菜单项的加速器，它的作用是，在窗体中按下该键值组合后该项即被触发，即使它是不可见的，使用 setAccelerator 设置。需要注意，JMenu 无法使用加速器，也就是说使用 Swing 无法直接像图中那样添加“Alt + Shift + N”。

Java 语言的菜单分为两大类：一类是窗口菜单，就是通常所说的菜单；另一类是弹出式菜单。

当在某个组件上单击鼠标右键时，会弹出一个菜单选择，这个菜单就称为弹出式菜单，也称为快捷菜单。弹出式菜单是一种独立的菜单，它附着在某一组件或容器上。程序运行时，一般情况下不显示弹出式菜单；只有当用户在附着有弹出式菜单的组件上进行某项操作时才显示，如单击鼠标右键等。不同的组件可以弹出不同的菜单，或同一组件进行不同操作时，弹出不同的菜单。弹出式菜单与条式菜单一样，包含若干个菜单项，也可以将菜单项和二级菜单添加到弹出式菜单中。Java 用 JPopupMenu 类实现弹出式菜单的功能。

弹出式菜单与条式菜单的不同之处在于它的表现形式上：菜单是依附于菜单栏或菜单，而弹出式菜单则依附于某一组件上，虽然这种依附是通过 add（ ）方法实现的，但并不受布局管理器的控制。

实验记录

问题记录-解决方法：　　　　　　　　　　日　期：

实验总结：

第十二章　多线程

多线程是指同一个进程中同时存在几个执行版本，按几条不同的执行路径同时工作的情况。所以多线程编程的含义就是可将一个程序任务分成几个不同的执行路径同时工作的情况。

每个 Java 程序都有一个主线程，对于应用程序来说，主线程是 main 方法执行的线程。要想实现多线程，必须在主线程中创建新的线程对象。Java 语言使用 Thread 类及其子类的对象来表示线程，新建线程在它的一个完整的生命周期内通常要经历新建、就绪、运行、阻塞、死亡 5 种状态。

本章将指导读者学习创建线程的方法以及多线程的使用。

实验一　继承 Thread 类创建线程

一、实验目的

（1）了解 Thread 类。

（2）学习通过继承 Thread 类创建线程。

（3）学习线程的启动方式。

二、实验要求

编写一个 Java 程序，定义一个类 MyThread 继承 Thread 类，覆盖 Thread 类的 run 方法，在 main 方法中创建 2 个 MyThread 类的 2 个实例并执行线程。

三、程序模板

按模板要求，将【代码 1】~【代码 6】替换为相应的 Java 程序代码，使之能输出如图 12.1 所示的结果（注意：执行结果不一定和图 12.1 结果一致）。

```
//MyThread.java
public class MyThread__________________________//【代码 1】继承 Thread 类{
    private String threadName;
    public MyThread（String threadName）{
```

```
        this.threadName = threadName;
        System.out.println ( "创建线程"+this.threadName );
    }
    ______________________________//【代码 2】覆盖 Thread 类的 run 方法{
    for ( int i =1; i<5; i++ ) {
            System.out.println ( threadName+"正则执行第"+i+"次" );
        }
    }
    public static void main ( String []args ) {
    //【代码 3】创建 MyThread 对象 myThread1, 传递参数为"线程 1"
    ____________________________________________________________
    //【代码 4】创建 MyThread 对象 myThread2, 传递参数为"线程 2"
    ____________________________________________________________
    //【代码 5】启动 myThread1 线程
    ____________________________________________________________
    //【代码 6】启动 myThread2 线程
    ____________________________________________________________
        System.out.println ( "主线程执行完毕" );
    }
}
```

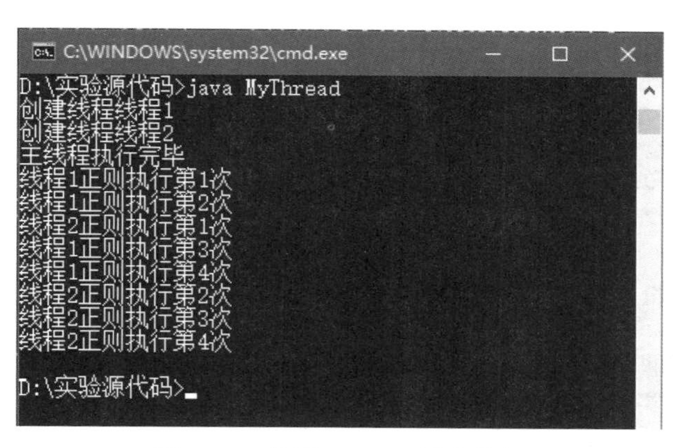

图 12.1　继承 Thread 创建线程

四、实验指导

Java 语言中实现多线程的方式有三种方式：一是继承 java.lang.Thread 类，二是实现 Runnable 接口，三是实现 Callable 接口。使用前两种方式实现多线程都需要用到 Thread 类的构造函数及覆盖 run 方法。

继承 Thread 类是实现线程的一种方法。Thread 类的构造函数及相关的方法如表

12.1 和表 12.2 所示。

表 12.1　Thread 类的构造函数

构造函数	说明
public Thread ( )	创建一个线程对象，此线程对象名称是“Thread”+n 的形式，其中 n 是一个整数
public Thread (String name)	创建一个线程对象，线程的名称通过 name 参数指定
public Thread(Runnable target)	创建一个线程对象，线程名称是“Thread”+n 的形式，其中 n 是一个整数。参数 target 为实现 Runnable 接口的对象

表 12.2　Thread 类一些重要方法

方法	说明
public void start ( )	使该线程开始执行；Java 虚拟机调用该线程的 run 方法
public void run ( )	如果该线程是使用独立的 Runnable 运行对象构造的，则调用该 Runnable 对象的 run 方法；否则，该方法不执行任何操作并返回
public final void setName (String name)	改变线程名称，使之与参数 name 相同
public final void setPriority (int priority)	更改线程的优先级，优先级为 1～10，默认是 5
public final void setDaemon (boolean on)	将该线程标记为守护线程或用户线程
public final void join (long millisec)	等待该线程终止的时间最长为 millis 毫秒
public void interrupt ( )	中断线程
public final boolean isAlive ( )	测试线程是否处于活动状态

实验二　实现 Runnable 接口创建线程

一、实验目的

（1）了解 Runnable 接口。

（2）学习通过实现 Runnable 接口创建线程。

二、实验要求

编写一个 Java 程序，定义一个类 MyRunnable，实现 Runnable 接口并覆盖 run 方法，在 main 方法中创建 2 个线程并执行。

三、程序模板

按模板要求，将【代码 1】～【代码 7】替换为相应的 Java 程序代码，使之能输出如图 12.2 所示的结果（注意：执行结果不一定和图 12.2 结果一致）。

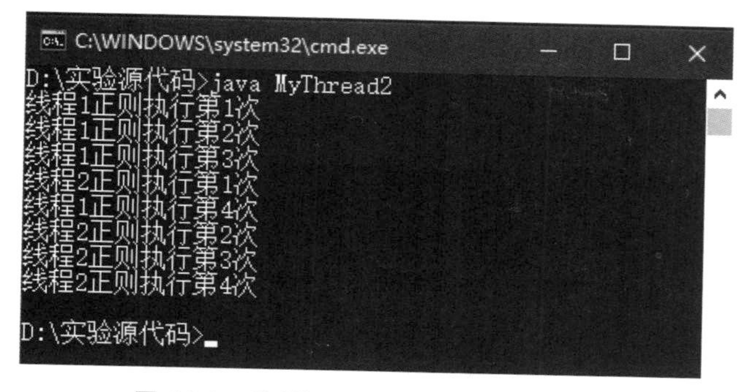

图 12.2　实现 Runnable 接口创建线程

```
//MyRunnable.java
public class MyRunnable____________________//【代码 1】实现 Runnable 接口{
    private String name;
    publicMyRunnable（String name）{
        this.name = name;
    }
    public void run（）{
        for（int i =1; i<5; i++）{
          System.out.println（name+"正则执行第"+i+"次"）;
        }
    }
    public static void main（String []args）{
        //【代码 2】创建 MyRunnable 对象 r1
        ____________________________________
        //【代码 3】创建 MyRunnable 对象 r2
        ____________________________________
        //【代码 4】使用表 12.1 中的第三个构造函数创建 Thread 对象 t1
        ____________________________________
        //【代码 5】使用表 12.1 中的第三个构造函数创建 Thread 对象 t2
        ____________________________________
        //【代码 6】启动线程 t1
        ____________________________________
        //【代码 7】启动线程 t2
        ____________________________________
    }
}
```

四、实验指导

Runnable 接口只有一个方法 run，用户可以声明一个类实现 Runnable 接口，并实现 run 方法，将线程要执行的代码在 run 方法中完成。但是 Runnable 接口没有任何对线程的支持，所以必须利用表 12.1 中 Thread 的类构造函数创建 Thread 类的实例来启动线程。

实验三　实现 Callable 接口创建线程

一、实验目的

（1）了解 Callable 接口。

（2）学习通过实现 Callable 接口来实现线程。

二、实验要求

编写一个 Java 程序，定义一个类 MyCallable，实现 Callable 接口，在 main 方法中创建 2 个线程并执行。

三、程序模板

按模板要求，将【代码 1】~【代码 9】替换为相应的 Java 程序代码，使之能输出如图 12.3 所示的结果。

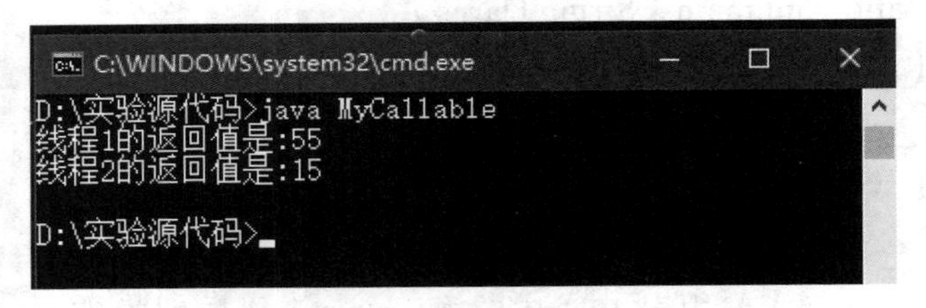

图 12.3　实现 Callable 接口创建线程

```
//MyCallable.java
import java.util.concurrent.*;
public class MyCallable________________//【代码 1】实现 Callable 接口{
    private String name;
    private int maxValue;
    public MyCallable（String name，int maxValue）{
        this.name = name;
        this.maxValue = maxValue;
```

```
    }
    public Object call ( ) {
        int i =0;
        int sum = 0;
        while ( i++<maxValue ) {
            sum += i;
        }
        return sum;
    }
    public static void main ( String []args ) throws Exception{
    //【代码 2】创建 MyCallable 对象 cal1，参数分别为“线程 1”和 10
    ______________________________________________
    //【代码 3】创建 MyCallable 对象 cal2，参数分别为“线程 2”和 5
    ______________________________________________
    //【代码 4】创建 FutureTask 对象 ft，参数为 cal1
    ______________________________________________
    //【代码 5】创建 FutrueTask 对象 ft1，参数为 cal2
    ______________________________________________
    //【代码 6】创建匿名的 Thread 对象，构造函数参数为 ft，并启动线程
    ______________________________________________
    //【代码 7】创建匿名的 Thread 对象，构造函数参数为 ft1，并启动线程
    ______________________________________________
    //【代码 8】使用 ft.get 方法获取线程 1 的返回值并输出
    ______________________________________________
    //【代码 9】使用 ft.get 方法获取线程 1 的返回值并输出
    ______________________________________________
    }
}
```

四、实验指导

1. 使用 Callable 和 Future 创建对象的步骤

（1）创建 Callable 接口的实现类，并实现 call（ ）方法，该 call（ ）方法将作为线程执行体，并且有返回值。

（2）创建 Callable 实现类的实例，使用 FutureTask 类来包装 Callable 对象，该 FutureTask 对象封装了该 Callable 对象的 call（ ）方法的返回值。

（3）使用 FutureTask 对象作为 Thread 对象的 target 创建并启动新线程。

（4）调用 FutureTask 对象的 get（ ）方法来获得子线程执行结束后的返回值。

2. 创建线程的三种方式对比

（1）采用实现 Runnable、Callable 接口的方式创建多线程时，线程类只是实现了 Runnable 接口或 Callable 接口，还可以继承其他类。

（2）使用继承 Thread 类的方式创建多线程时，编程简单。如果需要访问当前线程，则无须使用 Thread.currentThread（ ）方法，直接使用 this 即可获得当前线程。

实验四　线程同步

一、实验目的

（1）了解 Java 线程的同步机制。

（2）学习 synchronized 关键字的使用。

二、实验要求

以下程序是模拟用户从银行取款的应用程序。设某银行账户存款额为 2 000 元，用两个线程模拟两个用户同时从银行取款的情况。两个用户分 4 次从银行同一账户取款，每次取 100。程序运行结果如图 12.4（读者的运行结果可能和图 12.4 不一致），请分析结果出错的原因。

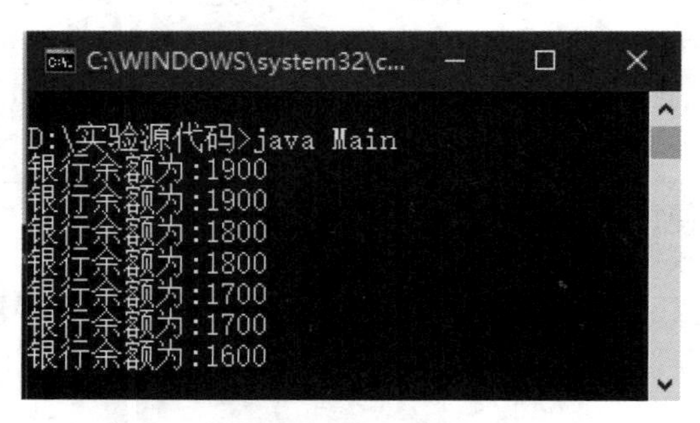

图 12.4　两个线程操作同一对象未使用 synchronized 结果

三、程序模板

```
//Main.java
  class Bank{
    private int sum = 2000;
    public void depost ( ) {//取钱，每次取 100 元
         int temp = sum;
```

```
            temp = temp-100;
            try{
                Thread.sleep(1000);
            }catch(Exception e){
            }
            sum = temp;
            System.out.println("银行余额为："+sum);
        }
}
class User extends Thread{
    private Bank bank;
    public User(Bank bank){
        this.bank = bank;
    }
    public void run(){
        for(int i=1; i<=4; i++){
            this.bank.depost();
        }
    }
}
public class Main{
    public static void main(String []args){
        Bank bank = new Bank();
        User user1 = new User(bank);
        User user2 = new User(bank);
        user1.start();
        user2.start();
    }
}
```

原因分析：

____

____

____

____

____

____

为了能够让程序运行结果正常，一个人取 4 次钱，两个人取 8 次钱，每次取 100，正常的结果应该如图 12.5 所示。如何修改程序才能够输出正确的结果？请说明理由。

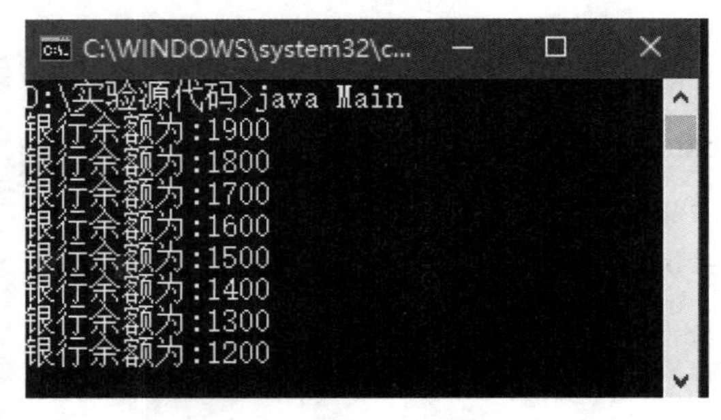

图 12.5　银行取钱运行正确结果

四、实验指导

在并发程序设计中，对多线程共享的资源或数据称为临界资源或同步资源，而把每个线程中访问临界资源的那一段代码称为临界代码或临界区。简单地说，在一个时刻只能被一个线程访问的资源就是临界资源，而访问临界资源的那段代码就是临界区。临界区必须互斥地使用，即一个线程执行临界区中的代码时，其他线程不准进入临界区。为了使临界代码对临界资源的访问成为一个不可被中断的原子操作，Java 技术利用对象“互斥锁”机制来实现线程间的互斥操作。

为了保证互斥，Java 语言经常使用 synchronized 关键字和 Lock 接口及其实现类来标识同步资源。这里的资源可以是一种类型的数据，也就是对象；也可以是一个方法；还可以是一段代码。Synchronized 的功能是：首先判断对象或方法的互斥锁是否在，若在就获得互斥锁，然后就可以执行紧随其后的临界代码或方法体；如果对象或方法的互斥锁不在，就进入等待状态，直到获得互斥锁。synchronized 的用法介绍如下。

格式一：同步语句

```
synchronized（对象）{
  临界代码段
}
```

格式二：同步方法

```
public synchronized 返回类型 方法名（参数列表）{
  方法体
}
```

或者

```
public 返回类型 方法名（参数列表）{
  synchronized（对象）{
   方法体
  }
}
```

另外一种实现互斥锁的机制就是：Java.util.concurrent.locks 中的 Lock 框架是锁定的一个抽象，它允许把锁定的实现作为 Java 类，而不是作为语言的特性来实现。这就为 Lock 的多种实现留下了空间，各种实现可能有不同的调度算法、性能特性或者锁定语义。

ReentrantLock 类实现了 Lock ，它拥有与 synchronized 相同的并发性和内存语义，但是添加了类似锁投票、定时锁等候和可中断锁等候的一些特性。此外，它还提供了在激烈争用情况下更佳的性能。换句话说，当许多线程都想访问共享资源时，JVM 可以花更少的时间来调度线程，把更多的时间用在执行线程上。Lock 的使用方式如下：

```
Lock l = newReentrantLock（ ）;
 l.lock（ ）;
 try {
 //执行临界资源代码块
} finally {
 l.unlock（ ）;
     }
```

实验记录

问题记录-解决方法： 日 期：

实验总结：

参考文献

[1] 陈国君．Java 程序设计基础[M]．第 4 版．北京：清华大学出版社，2008.

[2] 邹林达，陈国君．Java 程序设计基础（第 4 版）实验指导[M]．北京：清华大学出版社，2014.

[3] 覃遵跃．利用案例轻松学习 Java 语言习题大全与实验指导[M]．北京：清华大学出版社，2015.

[4] 明日科技．Java 从入门到精通[M]．3 版．北京：清华大学出版社，2012.

[5] 陈语林．Java 程序设计简明教程实验实训与习题选解[M]．北京：中国水利出版社，2009.

[6] 赵欢．Java 程序设计实用教程实验指导、实训与习题解析[M]．北京：中国水利出版社，2009.

[7] Eric．Java 编程思想[M]．第 4 版．北京：机械工业出版社．